主要犬種の
スタンダード・スタイル

ハッピー＊トリマー編集部 編

緑書房

Contents

- 04 犬体・骨格名称
- **05 トイ・プードルのショー・クリップ**
  - 06 コンチネンタル・クリップ　鈴木雅実
  - 18 イングリッシュ・サドル・クリップ　金子幸一
  - 30 パピー・クリップⅡ　金子幸一
  - 40 パピー・クリップ　金子幸一
  - 48 ケネル＆ラム・クリップ　田中美恵子
- 17 各犬種の基本情報
- **57 トリミング（グルーミング）＆スイニング犬種**
  - 58 ヨークシャー・テリアのスタンダード・スタイル　小笠原栄子

- 67 シー・ズーのスタンダード・スタイル　藤ヶ崎恵子
- 76 マルチーズのスタンダード・スタイル　高橋宏美
- 82 ポメラニアンのスタンダード・スタイル　草間理恵子
- 88 ベドリントン・テリアのスタンダード・スタイル　飯田美雪
- 96 ビション・フリーゼのスタンダード・スタイル　宮脇英美子
- 105 A・コッカー・スパニエルのスタンダード・スタイル　松崎雅人
- 114 E・スプリンガー・スパニエルのスタンダード・スタイル　露木浩

121 プラッキング犬種

- 122 ミニチュア・シュナウザーのスタンダード・スタイル　小林敏夫・花形民子
- 138 エアデール・テリアのスタンダード・スタイル　黒須千里
- 152 ノーリッチ・テリアのスタンダード・スタイル　黒須千里
- 159 講師一覧

犬体名称

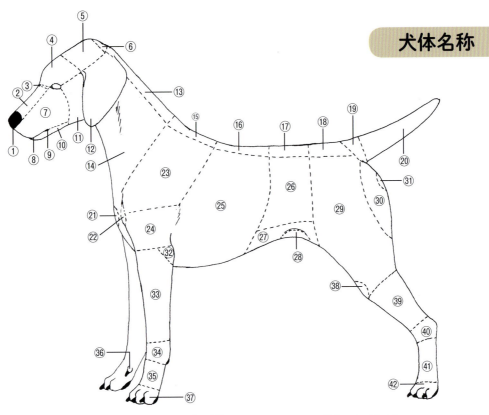

① 鼻鏡、鼻、ノーズ
② 鼻梁
③ 額段、ストップ
④ 前頭部
⑤ 頭頂部
⑥ 後頭部、オクシパット
⑦ 口吻、マズル
⑧ 口唇、リップ
⑨ 口角
⑩ 下顎
⑪ 頬、チーク
⑫ 耳、耳介、イヤー
⑬ クレスト
⑭ 頸、ネック
⑮ キ甲、ウィザース
⑯ 背、バック
⑰ 腰、ロイン
⑱ 尻、クルゥプ
⑲ 尾根部
⑳ 尾、テイル
㉑ 胸骨端
㉒ 肩端
㉓ 肩、ショルダー
㉔ 上腕
㉕ 肋、リブ
㉖ 側腹
㉗ 下腹
㉘ タック・アップ
㉙ 大腿
㉚ 臀部、バトック
㉛ 坐骨端
㉜ 肘、エルボー
㉝ 前腕
㉞ 手根
㉟ 中手、パスターン
㊱ 狼爪、デュークロー
㊲ 指
㊳ 膝、スタイフル
㊴ 下腿
㊵ 飛節、ホック
㊶ 中足
㊷ 趾

骨格名称

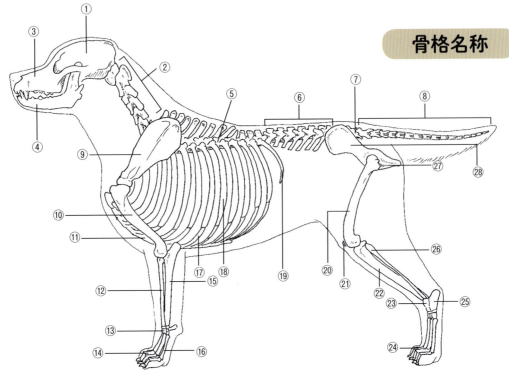

① 頭蓋骨
② 頸椎
③ 上顎骨
④ 下顎骨
⑤ 胸椎
⑥ 腰椎
⑦ 仙骨
⑧ 尾椎
⑨ 肩甲骨
⑩ 上腕骨
⑪ 胸骨
⑫ 橈骨
⑬ 手根骨
⑭ 指骨
⑮ 尺骨
⑯ 中手骨
⑰ 肋軟骨
⑱ 肋骨
⑲ ラスト・リブ
⑳ 大腿骨
㉑ 膝蓋骨
㉒ 脛骨
㉓ 足根骨
㉔ 趾骨
㉕ 踵骨
㉖ 腓骨
㉗ 坐骨結節
㉘ 寛骨

04

トイ・プードルの ショー・クリップ

Continental Clip
English Saddle Clip
Puppy Clip Second
Puppy Clip
Kennel & Lamb Clip

トイ・プードルの
コンチネンタル・クリップ

プードルのショー・クリップのなかで最もポピュラー。
ドッグ・ショーはもちろん、資格試験や競技会などでも扱うことが多いスタイルです。

講師：鈴木雅実

Toy Poodle

before
前回のトリミングから1～1.5カ月。

2 四肢の握りの上を刈ります。足指の付け根の高さまでを目安に逆剃りします。

1 ミニ・クリッパーで足裏を処理します。肉球より長いパッドのあいだの毛を取り、ヒール・パッドの後ろ側、指のあいだもきれいに刈ります。

point

①耳付きと耳の長さ
鼻の上～目の下～耳付きがほぼ一直線上にあり、耳を前へ引いたとき、耳の縁が口角に届くのが標準

②頬の筋肉の張り
頬がやせて頬骨が高く見える場合は頬をショーの2日前に、頬が張りすぎている場合はショーの直前にクリッピングする

③下顎の厚み
薄い場合は、下顎をショーの2日前にクリッピング。上唇が下唇を覆っている場合は上唇に沿って刈る

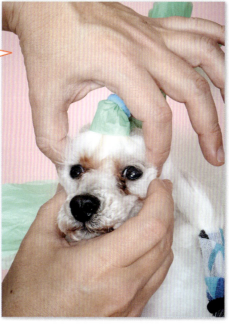

3 顔を刈る準備をします。左のポイントに注目して、顔のタイプをチェックしましょう。

6 目の上の毛を押さえ、まつ毛と上下の目の縁を刈ります。

5 イマジナリー・ラインを作ります。耳孔の前の毛を取り、左手で皮膚を軽く上へ引いた状態で、耳の付け根～目尻を、中央を少したるませた曲線で結ぶように逆剃りします。

4 ストップから前へ、マズルの上部を逆剃りします。

> **point**
> 側望したときに首を高く上げているように見せるか、正面から顔を引き立たせて見せるか、この段階で表現の優先順位を決めましょう。後者ならV字形がおすすめです

8 ⑦のポイント〜左右の耳の付け根を、V字形（U字形でもOK）に結ぶように逆剃りします。左側のラインを刈るときは顔を右、右側のラインを刈るときは顔を左へ向けて皮膚を張り、浅くえぐるように刈ると真っ直ぐに仕上がります。

7 ネック・ラインを刈ります。のどから下へ指を滑らせ、骨がくぼむポイント（アダムス・アップルより指の幅2本分程度下）を探します。

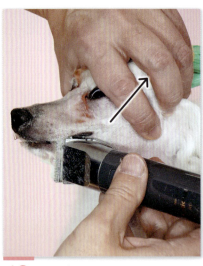

11 リア・ブレスレットの上側のラインを決めます。飛節より指の幅1本分上のポイントから下腿骨に対して逆剃り。アンギュレーションを強調したい場合は、角度を垂直に近付けます。

10 リップ・ラインは、いったんふつうに刈った後、左手で皮膚を軽く後ろ斜め上へ引き、縁までできれいに毛を取ります。

9 ⑧のラインの内側〜⑤のラインより下側の顔と、顎をすべて逆剃りします。

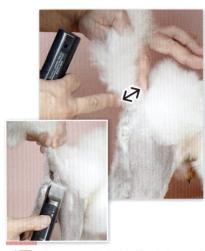

14 テイルを刈ります。付け根から指の幅1本分を目安に、ぐるりと毛を取ります。さらにテイルを自然に上げ、テーブルに対して平行にポンポンの下側のラインを入れます。

13 ロゼットの後ろ側を刈ります。テイルを上げて側望し、テイルの前後幅の中央（またはテイル・セットのやや後ろまで）を目安に逆剃りします。続けて、肛門周りも刈っておきます。

12 ⑪〜ロゼットの下側まで逆剃りします。ひばら（肋骨より後ろの脇腹）の薄い皮膚がつまめるあたりの高さまで逆剃りします。

Toy Poodle

17 フロント・ブレスレットの上側のラインを決めます。側望し、リア・ブレスレットと同じ高さ〜肘までぐるりと逆剃りします。

16 腹部を刈ります。犬を後肢で立たせ、不要な毛をきれいに取ります。

15 お尻〜後肢の内側を刈ります。下腿の2本の骨のあいだは外側から左手の指を当て、皮膚を伸ばして刈ります。

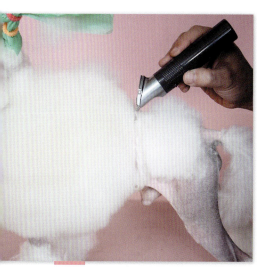

19 ⑱のポイントにミニ・クリッパーを当て、後ろへ5ミリほどずらすようにしてラインを入れます。

point
「ひばらの始まりから指の幅1本分ほど後ろ」を目安にしてもかまいません

ラスト・リブ　腸骨

18 パーティング・ラインを入れます。ラスト・リブ〜腸骨（骨盤のいちばん前）を4等分し、前から1/4のポイントを目安にします。

21 後肢の足周りをカットします。足周りの毛をコム・ダウンし、ヒール・パッドの後ろ側のクリッピング・ラインにハサミを入れ直します。

point
チャンネルが広いほど犬の体がワイドに見えるので、犬の体型に合わせて幅を調節します

20 ロゼットのあいだにチャンネル（溝）を入れます。犬を正しく立たせ、鼻〜テイルを真っ直ぐに保つ姿勢で上望し、ミニ・クリッパーで、テイルと同じ幅で毛を取ります。

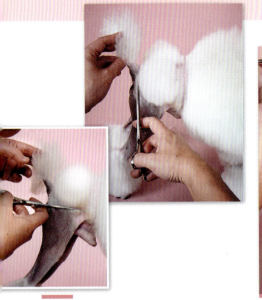

24 ロゼットのラインを整えます。⑫、⑬、⑲のクリッピング・ラインを目安に、それぞれ真っ直ぐにハサミを入れ直します。この段階では、四角形のロゼットをイメージしながら作業します。

point
膝の後ろ〜ロゼットの下の距離が長いと、後肢に筋肉が付きすぎているように見えます。また、座骨端〜ロゼットの後ろの距離が長いと、寛骨が立ち上がりすぎているように見えるので注意!

23 前肢の足周りも同様にカットします。

22 足周りの両サイドは、ブレスレットの立ち上がりを想定し、角度を付けて切り上げます。

26 ロゼットをコーム・ダウンし、カーブシザーで下から切り上げていきます。この部分をしっかりカットしておくと、上から落ちる毛を支えることができます。

25 ⑭で決めたラインに合わせて、不要な毛をクリッピングします。

point
ロゼットは、犬の体を上斜め45度から側望したときに、やや横長の丸に見えるように作ります。後望すると、「台形のボディに沿って丸いロゼットが乗っている」イメージになります。

27 ㉖から前後へ、角を取りながらロゼットの下側をさらに整えます。側望、上望しながら中心部にボリュームが出るように厚みも整えていきます。

Toy Poodle

30 上望し、パーティング・ラインから前へ向けて広がるように、角度を付けてカットします。

29 パーティング・ラインからはみ出す毛を、ラインに沿ってカットします。

28 メイン・コートをコーミングします。フロントは斜め下へ、サイドは毛をしっかり起こすようにコームを入れます。

33 側望して体長や首の角度などをチェックし、㉜から続けてメイン・コートの前側をカットします。

32 ネック・ラインをカットします。⑧のクリッピング・ラインに沿ってカット。

31 アンダーラインをカットします。⑰のクリッピング・ラインを目安に、肘の高さにハサミを入れ、そのまま後ろまで真っ直ぐにカットします。

35 アンダーラインを仕上げます。顔を上げ気味の姿勢で保定し、肘から後ろへ向けて、アンダーラインを真っ直ぐに切り上げます。

34 側望し、パーティング・ラインの上部を、前へ向けて斜め45度ほどの角度でカットします。この部分を短くしておくことで、セット・アップした際に起こした長い毛を支えることができます。

point
犬がワイド・フロントの場合は、サイドを長めにしたほうが前肢のあいだを狭く見せることができます。肢間が狭い犬はボディの幅も狭いことが多いので、サイドは短めに。幅を出そうとして長めに残すと、かえって目立ってしまいます

36 メイン・コートの幅を決めます。前望し、㉟からどの高さまで切り上げるかを考えながら、イマジナリー・ラインを想定します。

39 前胸と㊲で作った後ろからの広がりを、肩のあたりでゆるやかに丸くつなげます。

38 肘より前は、㉟の後部と同じ高さまで切り上げます。イマジナリー・ラインは、側望したときに肘が前後の中心であり、さらに底辺になるように整えます。

37 パーティング・ラインから肩へ向けて広がるように、両サイドを整えていきます。ここをしっかり切っておかないと、ショーで犬を動かしたときにメイン・コート全体が揺れてしまいます。

42 リア・ブレスレットを整えます。前後と内側、外側の4面にコームを入れ、真横に引くようにして毛を起こします。このとき、斜め（隣り合う面の角の部分）にはコームを入れません。

41 前望し、左右のアンダーラインを曲線でつなげます。

40 犬の斜め前に立ち、メイン・コートの後ろ側と下側の角を落とします。この部分をカットすることで、ボディをコンパクトに見せることができます。

Toy Poodle

44 側望し、リア・ブレスレットの前側、後ろ側を、足周り〜⑪のクリッピング・ラインへ丸くつなげるようにカットします。

43 後望し、リア・ブレスレットの内側、外側の面を真っ直ぐにカットします。速く歩くと後肢が内側に寄るため、内側は外側よりやや短めに整えます。

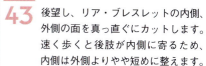

point ブレスレットは、メイン・コートとのバランスを取りつつ大きく作ります。切りすぎを防ぐために最も大切なのは、コームの入れ方。前・後ろ・外側・内側の4方向からだけ毛を起こしましょう

47 側望し、前側、後ろ側の面を真っ直ぐにカットします。後ろ側には前側よりやや長めに毛を残します。

46 フロント・ブレスレットを整えます。前望して外側はゆるやかに切り上げ、内側は角度を付けてカット。両側にほぼ同じ長さの毛を残してもかまいません。

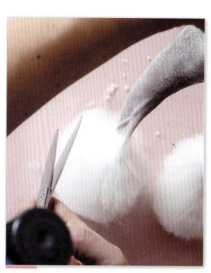

45 上望し、リア・ブレスレット上部の角を取ります。

50 テイルをカットします。ポンポンの毛をまとめて持ち、テイルの先端で毛先を真っ直ぐにカットします。

49 上望し、フロント・ブレスレット上部の角を取ります。

48 フロント・ブレスレットの後ろ側を、リア・ブレスレットの後ろ側と同じ角度で切り上げます。

53 テイルを自然な角度に上げ、テイルの曲がり具合などに合わせて前側を整えます。

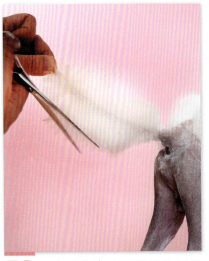

52 テイルを上げ、上下の面をテイルに平行にカットします。

51 テイルを上げてポンポンの下1/3程度をコーム・ダウンし、テイルの先へ向けて斜めに切り上げます。

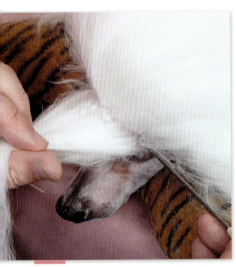

56 リング・コームで、左右の目尻よりやや後ろを真っ直ぐに結ぶように毛を分け（曲線で結んでもOK）、ゴムをかけます。

55 ㊴までの作業が終わり、頭部と耳のラッピングを外したところ。

54 テイルをボディに対して平行に伸ばし、両サイドを真っ直ぐにカットします。

59 左右の耳の付け根をオクシパットで丸く結ぶように毛を分け、ゴムをかけます。

58 ㊱～耳の付け根を前後2つに分け、前後の毛束にそれぞれゴムをかけます。

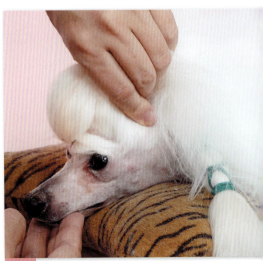

57 ㊱の毛束を後ろへ引き、犬の表情を確認。リフトアップする際の角度やスウェルの膨らみなどの目安を決めます。

Toy Poodle

↙ テーブルに垂直

62 前から2つ目の毛束を前後2つに分け、前半分をいちばん前の毛束と合わせて前へ倒します。そのまま、テーブルに対して垂直にゴムをかけます。

61 ⑥の毛束の根元（ゴムをかけた部分）を持って後ろへ引き、⑥のイメージに合わせてゴムより下の毛を指で引き出し、スウェルの膨らみを作ります。

60 いちばん前の毛束のゴムをいったん外し、スウェルの膨らませ方などを確認してから、ゴムをかけ直します。

65 ㊽、㊾の毛束をまとめて持ち、毛を左右に分けて引っ張り、ゴムを根元までずらします。

64 3つ目の毛束の後ろ半分と、4つ目の毛束の前半分を合わせてゴムをかけます。

63 前から3つ目の毛束を2つに分けて引っ張り、ゴムを根元までずらします。3つ目の毛束を前後2つに分け、前半分を、2つ目の毛束の後ろ半分と合わせてゴムをかけます。

68 ゴムをかけた部分とそれより後ろは割れやすいので、しっかりとスプレーをかけ、すき間ができないように毛を張り付けていきます。

67 頭部の毛を薄く取って前へ倒し、コームで広げます。スプレーをかけ、後ろの毛を張り付けるように起こします。同様に、スプレーとコーミングを繰り返します。

66 スウェルの表面に軽くスプレーをかけて整えます。

71 側望して顔を上げ気味に保定。メイン・コートの後ろ側を、パーティング・ラインからほぼ垂直に立ち上げるように整えます。

70 さらにピンブラシで、巻いた毛先を引き出すように毛を広げます。

69 ひと通り毛を起こしたら、目の細かいコームを毛先だけに通し、毛を広げます。

73 耳をカットします。十分にコーミングして側望し、中央部が長めになるように、ゆるやかな曲線でカットします。

point ㊱～㊲で作ったイマジナリー・ラインの上を少しだけ絞るようにすると、フォアロックの広がりが強調されてゴージャスに見えます

72 前望し、フォアロック（毛を起こした正面の部分）～メイン・コートの両サイドを整えます。

finish

74 前望してボリュームを整え、左右の長さがそろっていることを確認します。耳の長さは、最も長い場合でも肩端までを目安にします。

各犬種の基本情報

プードル

優雅な容姿、気品に富んだ風貌を備え、スクエアの体構でよく均整がとれている。慣例上の刈り込みによって、一層プードル独特の高貴さと威厳を高めている。プードルの特色であるクリップによって、多少の外貌表現に差を見るが、表現は知的であり、より優雅で気品を発揮しなければならない。

●ショー・クリップ

パピー・クリップ、コンチネンタル・クリップまたはイングリッシュ・サドル・クリップ。パピー・クリップは生後12カ月以下(ただしFCI展においては年令にかかわらずパピー・クリップⅡでの出陳を認めるものとする)。

●サイズ

スタンダード・プードル
体高:45～60cm(+2cmまで許容される)
ミディアム・プードル
体高:35～45cm
ミニチュア・プードル
体高:28～35cm
トイ・プードル
体高:24～28cm(理想は25cm/-1cmまで許容される)

ヨークシャー・テリア

長い被毛は、左右に均等に真っ直ぐ垂れる。分け目は鼻から尾先まで伸びている。たいへんコンパクトで、整然としており、直立した姿勢は威厳ある態度を示している。全体のアウトラインは生き生きとした印象を与えており、十分にバランスがとれた体格である。

●サイズ

体重:3.2kgまで。

シー・ズー

がっしりしており、明らかに気高い雰囲気がある被毛の豊富な犬で、キクの花のような顔をしている。

●サイズ

体高:27cmを超えてはならない。
体重:4.5～8kg。理想体重は4.5～7.5kg。

マルチーズ

純白な長い被毛に覆われた小型犬である。被毛は真っ直ぐで、体の両側に一様に垂れ下がり、その毛は鼻先から尾の付け根まで続いているが、容姿は健康的で、均整美を表現していなければならない。

●サイズ

体重:オス・メスともに3.2kg以下で、2.5kgを理想とする。

ポメラニアン

豊富な下毛によって生ずる美しい被毛により、人を魅了する。とくに頸の周りの豊かでたてがみのようなカラー(ラフ)や背上に堂々と保持した豊富な被毛で覆われた尾は印象的である。用心深い目をもつフォクシー・ヘッドと、とがった小さい耳がスピッツ独特の特徴で快活な外観を与える。

●サイズ

体高:20cm±2cm
体重:サイズにふさわしい体重でなければならない。1.8～2.3kgを理想とする。

※JKC全犬種標準書第10版より一部抜粋

ベドリントン・テリア

優美でしなやか、筋肉質であり、弱々しさや粗野な感じはない。頭部全体は洋梨あるいはくさびのような形で、静止しているときの表情は温厚でやさしい。

●サイズ

体高:おおよそ41cm。わずかな差は許容されている。
体重:8.2～10.4kg

ビション・フリーゼ

快活で陽気な小型犬である。動きの軽快な歩様で、中くらいの長さのマズルを持ち、被毛は長く、とてもゆるいコークスクリュー状の巻き毛。頭部は誇らしげに高く掲げ、目はダークで生き生きとし、表情に富む。

●サイズ

体高:30cmを超えてはならず、小型であることが好ましい。

アメリカン・コッカー・スパニエル

鳥猟犬種のなかで最も小型の犬種である。しっかりしたコンパクトなボディであり、見事に彫りが深く洗練された被毛を持ち、理想的なサイズで全体として完全にバランスがとれている。真っ直ぐな前脚の上に肩があり、トップラインは力強く筋肉質で、ほど良い角度の後躯へ向かってわずかに傾斜する。相当なスピードと卓越した耐久力を兼ね備えている。

●サイズ

体高:38.1cm(オス)/35.6cm(メス)
これより1.25cm上下してもよい。

イングリッシュ・スプリンガー・スパニエル

均整がとれ、コンパクトで力強く、陽気で活動的である。イギリスのランド・スパニエルのなかでいちばん脚が長く、最もレーシーな体躯構成である。

●サイズ

体高:約51cm

ミニチュア・シュナウザー

小さく、力強く、ほっそりというよりは、がっしりしており、粗毛で、上品。小さいことが不利とならないように、スタンダード・シュナウザーを縮小したような外貌。

●サイズ

体高:30～35cm
体重:約4～8kg

エアデール・テリア

テリアのなかで最も大きく、筋肉質で、活動的。脚の長さや体長の長さにもかかわらず、かなりコビーである。

●サイズ

体高:約58～61cm(オス)/約56～59cm(メス)

ノーリッチ・テリア

小さく、地低く、機敏であり、コンパクトで頑丈な体つき。良質のサブスタンス及び骨を持つ。名誉の傷跡にはペナルティーを課さない。

●サイズ

体高:25～26cm

トイプードルの
イングリッシュ・サドル・クリップ

ショー・クリップのなかでも最も長い歴史を持つのがこのスタイル。
サドルと4つのブレスレットで覆われた後躯が、高貴でゴージャスな印象を与えます。

講師：金子幸一

Toy Poodle

 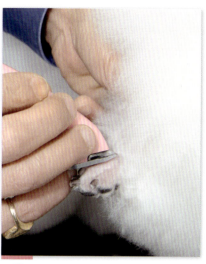 

2 後ろ側も、①と同じ高さまで逆剃りします。パッドのあいだや指のあいだの毛も、きれいに取っておきます。

1 ミニ・クリッパーで、足先から指の付け根（握りの曲がる部分）まで逆剃りします。

before 前回のトリミングから約1.5カ月。パピー・クリップⅡからのクリップ・チェンジ。

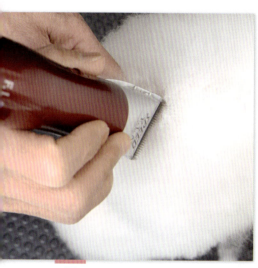  

5 テイル・セットに、V字形の刈り込みを入れます。V字の開いた側は、テイルの幅に合わせます。

4 テイルを刈ります。1ミリの刃を付けたクリッパーで、テイルの付け根から1〜2cmほど逆剃りします。後で調整できるよう、この段階では高い位置まで毛を取りすぎないようにします。

3 腹部を刈ります。犬を後肢で立たせ、へそから下の鼠径部より内側を逆剃りします。

8 耳孔の前の毛をきれいに取り、ネック・ラインの頂点〜耳の後ろ付け根をU字形に結ぶように逆剃りします。

7 のどから下へ、マズルと等距離のポイントをネック・ラインの頂点とし、頂点〜下顎を真っ直ぐに逆剃りします。

6 テイルのサイドをテーブルに対して30度の角度を付けて逆剃りし、その刈り終わりのポイントを肛門の下でV字形につなげるように、肛門周りも毛を取ります。

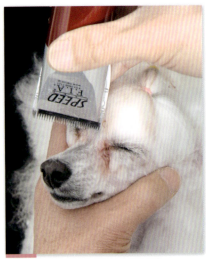

11　ストップ〜マズル上部を刈り、インデンテーションを入れます。

10　目の下〜マズルを逆剃りし、上下のリップ周りと下顎もきれいに刈ります。

9　イマジナリー・ラインを作ります。耳の前付け根〜目尻に、犬が正しく立ったとき、テーブルに対して平行になるラインを入れます。

point ✗

正しいフット・ライン
45度

ハサミの刃先は後ろ側のクリッピング・ラインに確実に当ててカットしましょう。写真のように刃先の位置がずれると、フット・ライン全体が乱れる原因になるので注意

13　側望し、後ろ側のフット・ラインからテーブルに対して45度以上の角度で、ほど良い丸みを付けて切り上げます（カーブシザー）。

12　後肢のフット・ラインをカットします。テーブル（トリマーに近い端）に犬を正しく立たせ、①〜②のクリッピング・ラインに沿ってカット。ハサミは、テーブルに対して平行に当てます（カーブシザー）。

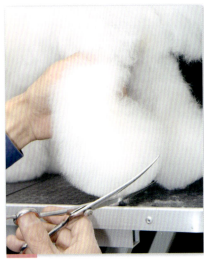

16　⑬〜⑮でカットしたフット・ラインの角を取るように、カーブシザーでカットします。

15　フット・ラインの外側・内側の角度を決めます。後望し、それぞれテーブルに対して45度の角度で、ほど良い丸みを付けて切り上げます（カーブシザー）。

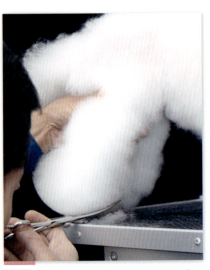

14　フット・ラインの前側の角度を決めます。側望し、⑬のラインと直角に交わる角度で、ほど良い丸みを付けて切り上げます（カーブシザー）。

Toy Poodle

point 後ろ側と前側で切り上げる角度を少し変える必要があります。パスターンの角度を意識しましょう

18 フット・ラインの前側と後ろ側の角度を決めます。前肢は後肢と異なりパスターンの曲がりがあるので、角度に微調整が必要。側望し、前側はテーブルに対して30度、後ろ側は45度を目安にカーブシザーで細かく切り上げます。

17 カーブシザーで前肢のフット・ラインをカットします。テーブル（トリマーに近い端）に犬を正しく立たせ、①〜②のクリッピング・ラインに沿ってカット。ハサミは、テーブルに対して平行に当てます。

point フット・ライン（周辺の被毛）が下がると、裾広がりのブレスレットになってしまいます

フット・ラインより上でブレスレットを作る

21 ブレスレットの下側のラインとなる四肢の足留めはていねいに。このラインが決まっていないと、バランスの良いブレスレット作成に時間がかかります。

20 内側・外側のフット・ラインをカットする際は、仕上がりのブレスレットの幅を想定して、丸みの付け方を調節します（カーブシザー）。

19 フット・ラインの外側・内側の角度を決めます。前望し、テーブルに対してそれぞれ45度の角度で、ほど良い丸みを付けて切り上げます（カーブシザー）。

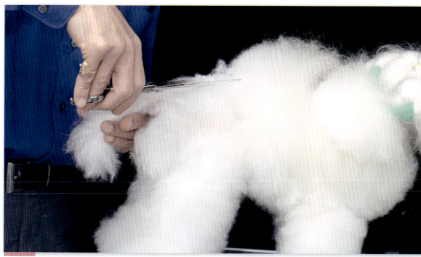

23 パック（サドル）をカットしていきます。後躯を立毛し、テイルを下げた状態で、背線をテーブルに対して平行にカットします。

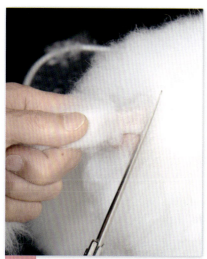

22 ⑤のクリッピング・ラインにハサミを入れ直します。

26 テイルを上げ、後肢アンギュレーションの始まるポイントからテイルサイドの切り終わりにぶつかるところまで、テーブルに対して垂直にカットします。

25 ⑥で入れたテイル・サイドのクリッピング・ラインにハサミを入れ直し、周囲から肛門にかかる毛もカットします。

24 テイルを上げ、テイルの前で盛り上がる毛をカットします。

29 側望し、前胸をテーブルに対して垂直にカットします。

28 胸を粗刈りします。立毛し、ネック・ラインより内側にはみ出す毛だけをカットします。

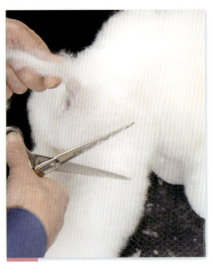

27 大腿部〜後肢の外側をカットします。背線に対して平行にハサミを当て、真っ直ぐな面を作るように、膝の少し上の高さまでカットします。

32 ㉛のシザー・バンドを、後肢の後ろ側まで延長します。

31 ㉚で決めた位置に、テーブルに対して平行なラインを浅く入れます。いったんバランスを確認してから、ラインがはっきりと出るように、毛の根元までカットし直します。

30 パックとアッパー・ブレスレットのあいだにシザー・バンドの位置を決めます。ラインの高さは、後肢アンギュレーションの始まるポイントを目安にします。

Toy Poodle

35 ㉛のシザー・バンドを、後肢の前側まで延長します。

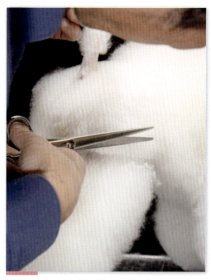

34 ㉛〜㉜のシザー・バンドとパックの角を取るようにカットします。

33 ㉗と⑥でカットしたテイルのサイドと、さらに㉖と㉗の角を取るようにカットします。

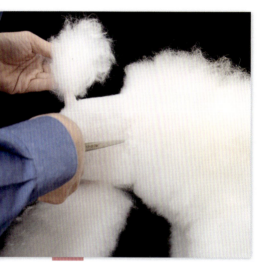

38 キドニー・パッチ（サドルのウエスト部分に作る彫り込み）の位置を決めます。㉓〜㉛で作ったパックの高さの中央を目安に、ハサミで浅めに粗刈りします。

37 ㊱で決めた位置に、ハサミの刃先を使って真っ直ぐなパーティング・ラインを浅く入れます。

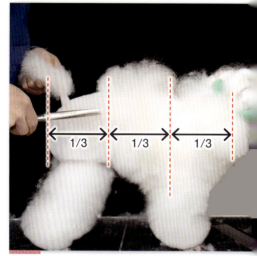

36 体長の1/3を目安にパーティング・ラインの位置を決め、テーブルに対して垂直に後躯のサイドをカットします。

41 次に、クリッパーの下の角を曲線に沿わせ、上から下へ刈ります。

40 ミニ・クリッパーで、キドニー・パッチを刈ります。まずクリッパーの上側の角を曲線に沿わせ、下から上へ刈ります。

39 キドニー・パッチの後ろ側のラインを、カーブシザーで整えます。

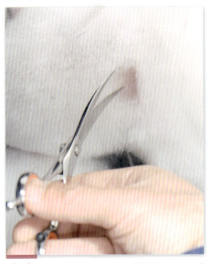

44 キドニー・パッチの曲線を、カーブシザーできれいに整えます。

43 キドニー・パッチの上下のパーティング・ラインの深さを調節し、㊷とのつながりを自然に整えます。

42 キドニー・パッチと接する部分だけ、皮膚ぎりぎりの長さまでパーティング・ラインにハサミを入れ直します。

47 側望して、㊻に続けて後肢前側をテーブルに対して平行にカットします。

46 後肢の外側に、アッパー・ブレスレットとボトム・ブレスレットのあいだにシザー・バンドを入れます。飛節より2cmほど上から、テーブルに対して35〜40度の角度でライン付けします。

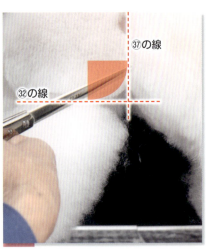

45 ㉜と㊲の交点にできる角を取り、シザー・バンドからパーティング・ラインへ、四分円を描くようにつなげます。さらに、外側の面との角も取っておきます。

50 アッパー・ブレスレットの外側は、下に向かってやや広がって見えるように整えます。

49 後肢に入れた2本のシザー・バンドのあいだを自然な曲線でつなぐように、アッパー・ブレスレットの後ろ側の角を取ります。

48 ㊻〜㊼のシザー・バンドを、後肢の内側まで延長します。

Toy Poodle

52 下側のシザーバンドとアッパー・ブレスレットの角を取るようにカット。肢より前（毛だけの部分）も、同様に角を取ります。

51 アッパー・ブレスレットの内側は、㊿に対して平行な面を作るように整えます。

point

後望したとき、アッパー・ブレスレットは、パックの幅よりやや広がっていてOK

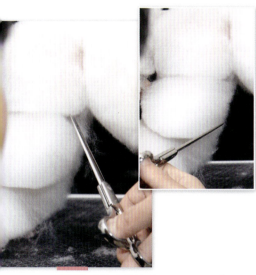

55 ㊼から続けて、アッパー・ブレスレットの前側をカットします。膝より上はハサミをやや立てて当て、上側のシザー・バンドとの角も取ります。

54 上側のシザー・バンドとアッパー・ブレスレットの角を取るようにカットします。

53 側望し、㊻と㊼の交点にできる角を取ります。

58 下側のシザー・バンドとボトム・ブレスレットの角を取るようにカットします。

57 後望し、ボトム・ブレスレットの外側をアッパー・ブレスレットの幅にそろえてカット。内側は、外側に対して平行な面を作るように整えます。

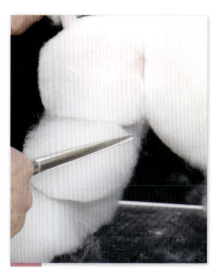

56 ㊽と外側、内側の面との角を取ります。

61 側望し、下側のシザー・バンドと⑥の角を、テーブルに対して平行にカットします。

60 ボトム・ブレスレットの後ろ側をカットします。⑭で決めた前側のフット・ラインに対して平行にカットします。

59 ボトム・ブレスレットは、毛先までテーブルに対して35〜40度をキープします。

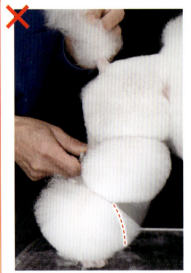

point ✗
肢が終わったところから角を取らないように注意します

63 ⑭で決めたフット・ラインと、ボトム・ブレスレットの上側のラインの角を、テーブルに対して垂直にカットします。

62 側望し、⑬で決めた後ろ側のフット・ラインと⑥の角を、テーブルに対して垂直にカット。さらに上望し、背骨に対して直角にカットします。

66 前肢のブレスレットの高さを決めます。後肢の下側のシザー・バンドと、後肢の後ろ側の交点を高さの目安にします。

65 ㊲で入れたパーティング・ラインにハサミを入れ直し、メイン・コートの後ろ側を留めます。

64 腹部をカットします。犬を後肢で立たせてコーミングし、③のクリッピング・ラインにハサミを入れ直します。

Toy Poodle

69 前肢の外側、前側を刈ります。⑱と同じ高さまで逆剃りします。

68 前肢の後ろ側をクリッピングします。1ミリの刃を付けたクリッパーで、⑰の高さから逆剃りします。刃が肘にぶつかる点より少し上まで刈ります。

67 ⑯で決めた位置よりやや上に、浅くライン付けします。まず高めの位置に入れておくことで、後からの修正が可能になります。

72 ⑰と高さをそろえて、前肢の周りを、テーブルに対して平行にぐるりとカットします。

71 前躯のメイン・コートの下側を、⑱〜⑲より少し低い位置でカットします。

70 この段階では、前肢のクリッピングの上側のラインをそろえることを意識します。ブレス・ラインは、きれいにそろっていなくてかまいません。

75 メイン・コートをコーミングし、全体の毛を均等に起こします。

74 メイン・コートのアンダーラインをカットします。⑬と㊺のあいだをつなげていきます。

73 左右の前肢のあいだも、⑫と同様にカットします。

77 中躯のメイン・コートも、76と同様に切り上げます。

76 前望し、72からメイン・コートを切り上げていきます。タック・アップの高さあたりで仕上がりの体の幅を想定しておき、その幅に合わせて丸みを付けながら、ハサミがテーブルに対して垂直になるまで切り上げます。

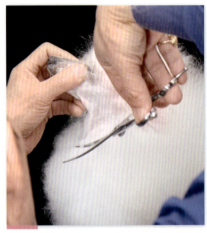

80 ネック・ラインをカットします。ハサミを背骨に対して直角に当て、ネック・ラインに沿って前胸の毛をカット。さらにメイン・コートの外側の面との角を取っておきます（カーブシザー）。

79 メイン・コートのサイドを整えます。前望し、座骨端の高さまでを目安に、テーブルに対して垂直な面を作るようにカットします。

78 45につながる部分は、それぞれの角度に合わせてハサミを当て、76と同様に切り上げます。

座骨端

83 前肢のブレスレットは、後肢のボトム・ブレスレットの後ろ側と同じ高さに設定し、ブレス・ラインより上を逆剃りします。

82 81と71〜73の角を取ります。76〜77に合わせて切り上げ、タック・アップの高さでテーブルに対して垂直な面につながるようにします。

81 前胸をテーブルに対して垂直にカットし、メイン・コートの外側の面との角を取っておきます。80とのあいだの角は、座骨端と同じ高さで取ります（カーブシザー）。

Toy Poodle

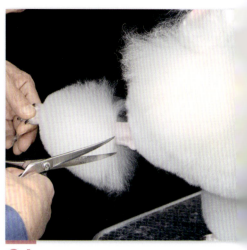

86 カーブシザーでテイルをカットします。毛をねじって毛先をカットし、ポンポンを丸く整えます。

85 ⑱～⑲で切り上げてあるフット・ラインと㉘の角を、テーブルに対して垂直にカット。切り下げた面、垂直な面、切り上げた面が、それぞれブレスレットの高さの1/3になるようにします。

84 ブレスレットの上半分の毛を起こします。外側・内側・前側・後ろ側の面を、それぞれテーブルに対して45度の角度で、カーブシザーでほど良い丸みを付けて切り下げます。

89 肩のあたりの、座骨端から背線の高さのメイン・コート（サイド）を、少しだけ角度を付けてカットし、さらにメイン・コート全体の高さや厚みも整えます。

88 スプレーとコーミングを繰り返し、メイン・コートをしっかり立ち上げます。

87 セットアップをします。耳の前側付け根より前の毛を2～3つにブロッキングしていちばん前をツーノットにし、スウェルの膨らみを作ります。

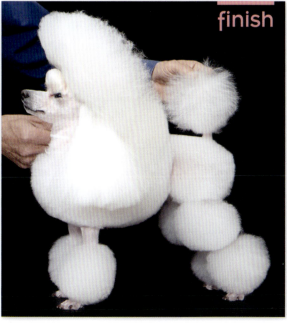

finish

90 耳のラッピングを外してブラッシングし、テーブル～背線の中間部を目安に毛先をカットします。

トイ・プードルの
パピー・クリップ II（セカンド）

パピー・クリップをよりゴージャスに、そして前躯と後躯のあいだにパーティング・ラインを入れたスタイル。
四肢やボディの仕上げ方が、ほかのショー・クリップと大きく異なるところです。

講師：金子幸一

Toy Poodle

前回のトリミングから約2カ月。

1 ミニ・クリッパーで足先から指の付け根（握りの曲がる部分）まで逆剃りします。

2 後ろ側も、①と同じ高さまで逆剃りします。パッドのあいだや指のあいだの毛もきれいに取っておきます。

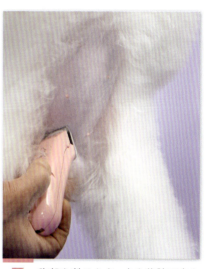

3 腹部を刈ります。犬を後肢で立たせ、へそから下の鼠径部より内側を逆剃りします。

4 テイルを刈ります。1ミリ刃でテイルの付け根から1.5cmほど逆剃り。後で調整できるよう、この段階では高い位置まで毛を取りすぎないようにします。

5 テイル・セットにV字形の刈り込みを入れます。V字の開いた側は、テイルの幅に合わせます。

6 ⑤のクリッピング・ラインから続けて、テイルのサイドをテーブルに対して30度の角度を付けて逆剃りします。

7 後望し、左右の⑥の刈り終わりのポイントが肛門の下でつながり、V字形に見えるように刈ります。

8 のどから下へ、マズルと等距離のポイントをネック・ラインの頂点とし、頂点〜下顎を真っ直ぐに逆剃りします。

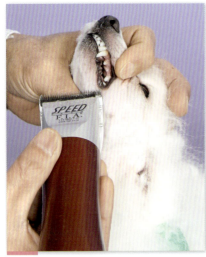
11 目の下〜マズルを逆剃りし、上下のリップ周りと下顎もきれいに刈ります。

10 イマジナリー・ラインを作ります。耳の前付け根〜目尻に、犬が正しく立ったときにテーブルに対して平行になるラインを入れます。

9 耳孔の前の毛をきれいに取り、ネック・ラインの頂点〜耳の後ろ付け根をU字形に結ぶように逆剃りします。

14 テーブルのトリマーに近い端に犬を正しく立たせ、①〜②のクリッピング・ラインに沿ってカットします。ハサミはテーブルに対して平行に当てます（カーブシザー）。

13 後肢のフット・ラインをカットします。後肢を持ち上げ、中足骨に対して平行にコーミングします。

12 ストップ〜マズル上部を刈り、インデンテーションを入れます。

17 フット・ラインの前側の角度を決めます。側望し、⑯のラインと直角に交わる角度で、ほど良い丸みを付けて切り上げます（カーブシザー）。

16 フット・ラインの後ろ側の角度を決めます。側望し、テーブルに対して45度の角度で、ほど良い丸みを付けて切り上げます（カーブシザー）。

15 フット・ラインの高さは、前側が指骨関節に軽くかぶさるくらいを目安にします（カーブシザー）。

Toy Poodle

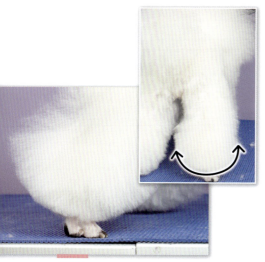

20 コーミングとカットを繰り返し、後肢の足周りを整えます。フット・ラインは、後望するとお椀形、側望すると前後のラインの延長線が作る角度が90度になります。

19 ⑯〜⑱でカットしたフット・ラインの角を取るようにカットします（カーブシザー）。

18 フット・ラインの外側と内側の角度を決めます。後望し、それぞれテーブルに対して45度の角度で、ほど良い丸みを付けて切り上げます（カーブシザー）。

23 フット・ラインの前側と後ろ側の角度を決めます。パスターンの曲がりがあるので、角度に微調整が必要。側望し、前側はテーブルに対して30度、後ろ側は45度を目安にカーブシザーで細かく切り上げます。

22 テーブルのトリマーに近い端に犬を正しく立たせ、①〜②のクリッピング・ラインに沿ってカットします。カーブシザーは、テーブルに対して平行に当てます。

21 前肢のフット・ラインをカットします。足先までコームを入れられるよう、肘を後ろから前へ押すようにし、足先を伸ばさせた状態で前肢を持ち上げてコーミングします。

25 外側・内側のフット・ラインをカットする際は、仕上がりの肢の太さを想定し、カーブシザーで丸みを調節しましょう。

24 フット・ラインの外側・内側の角度を決めます。前望し、テーブルに対してそれぞれ45度を目安に、ほど良い丸みを付けて切り上げます（カーブシザー）。

point
後ろ側と前側で切り上げる角度を少し変える必要があります。パスターンの角度を意識しましょう

28 後躯をカットします。後躯の毛を後ろへ向けてコーミングし、⑤のクリッピング・ラインにハサミを入れ直します。

27 胸をカットします。胸を立毛し、⑨のクリッピング・ラインより内側にはみ出す毛だけをカットします。

26 腹部をカットします。犬を後肢で立たせてコーミングし、③のクリッピング・ラインにハサミを入れ直します。

31 テイルのサイドをコーミングし、⑥のクリッピング・ラインにハサミを入れ直します。

30 テイルを上げ、テイルの前で盛り上がる毛をカットします。

29 後躯を立毛し、背線をカットします。テイルを下げ、メイン・コートへ向けてほぼテーブルに平行な角度でカットします。

34 内股をカットします。片方の後肢を持ち上げ、陰部の横から2〜3cm、平らな面を作るようにカットします。

33 テイルを上げ、後肢アンギュレーションの始まるポイントからテイル・サイドの切り終わりにぶつかるところまで、テーブルに対して垂直にカットします。

32 周囲から肛門にかかる毛をカットし、⑦のクリッピング・ラインにハサミを入れ直します。

Toy Poodle

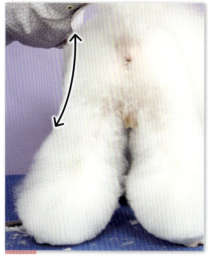

37 肢の下部の毛は下に落ちやすいため、後肢の外側（大腿部付近）は、軽くえぐるようなつもりでカットすると仕上がりが平らに見えます。

36 後望したとき、大腿部から足先へ、テーブルから立ち上げた垂線に対して10度程度の角度で広がる平らな面を作るようにカットします。

35 大腿部〜後肢の外側をカットします。後躯の幅は体高の40％を目安にし、背骨に対して平行にハサミを当てます。

40 後肢の後ろ側（スロープライン）をカットします。ハサミを入れ始める角度は、⑯でカットしたラインに対して90度を目安にします（カーブシザー）。

39 内側の面の前のほうは毛が逃げやすいので、刃先をやや外側に向けてカットすると、背骨に対して平行な面が作れます。

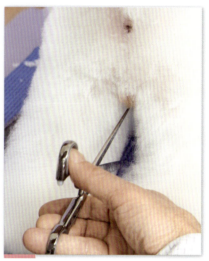

38 後肢の内側をカットします。上望して背骨に対して平行にハサミを当て、㊱に対してやや裾広がりな面を作るようにカットします。

43 ㉝と後肢の外側・内側の角を取るようにカットします。

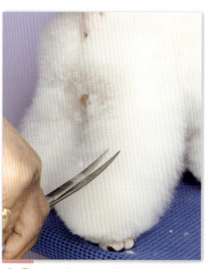

42 カーブシザーで㊶と後肢の外側・内側の角を取るようにカットします。

41 スロープラインを立毛し、飛節〜㉝へ軽くアールを付けて結びます（カーブシザー）。

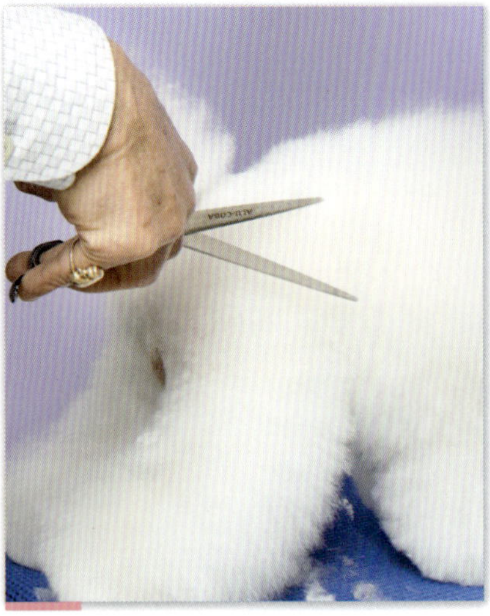

44 後躯の背線とサイドボディの角を取るようにカットします。

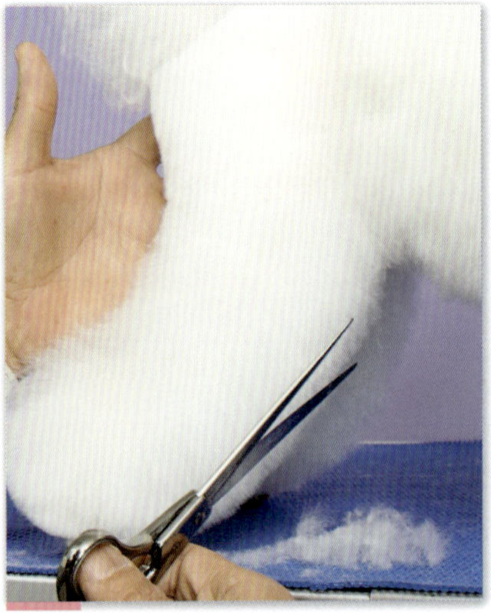

45 後肢の前側をカットします。側望し、フット・ラインから膝まで、㊶のラインに対して膝へ向けてやや絞るようにカットします。

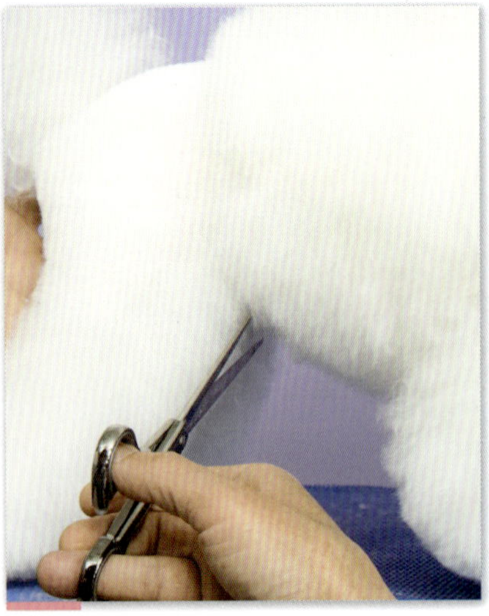

46 膝より上は、さらにハサミを立ててカットします。

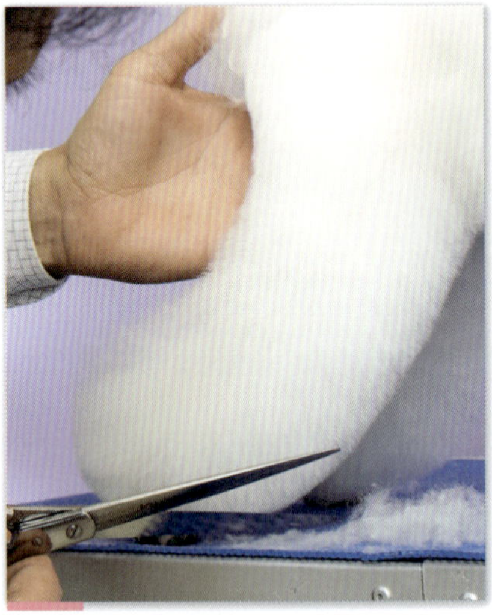

47 後肢の前側と、外側・内側の面の角を取るようにカットします。

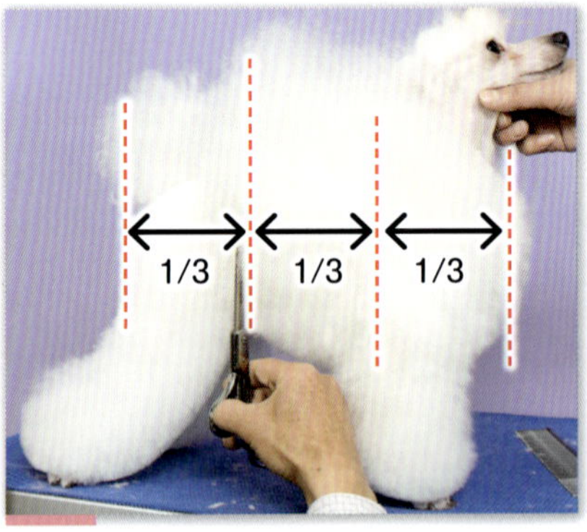

48 パーティング・ラインの位置を決めます。体長の1/3が基本です。

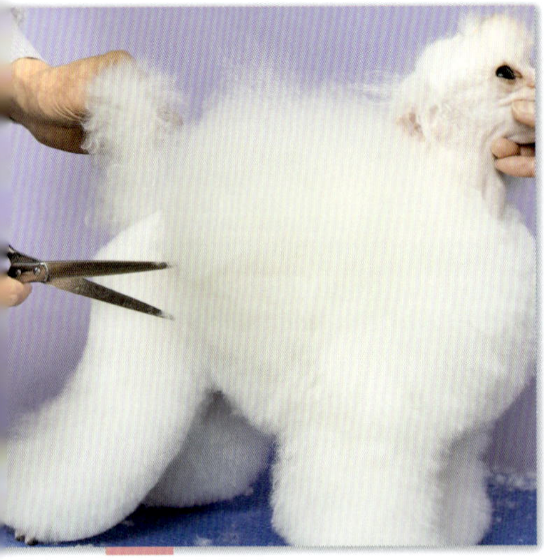

49 ㊽で決めたパーティング・ラインの位置まで、後躯のサイドをカットします。

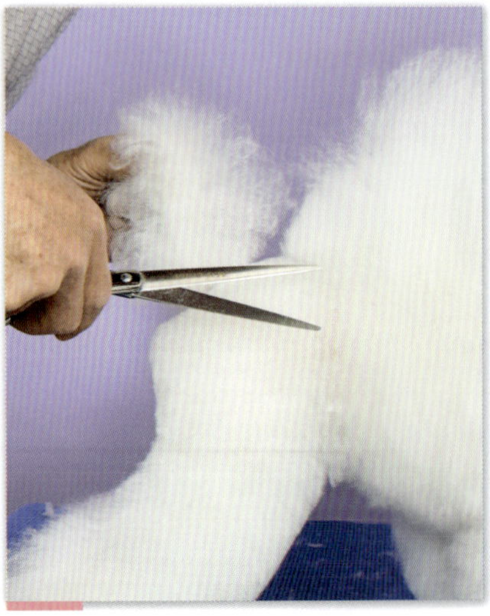

50 ㊽で決めた位置に、ハサミの刃先を使って真っ直ぐなパーティング・ラインを入れます。

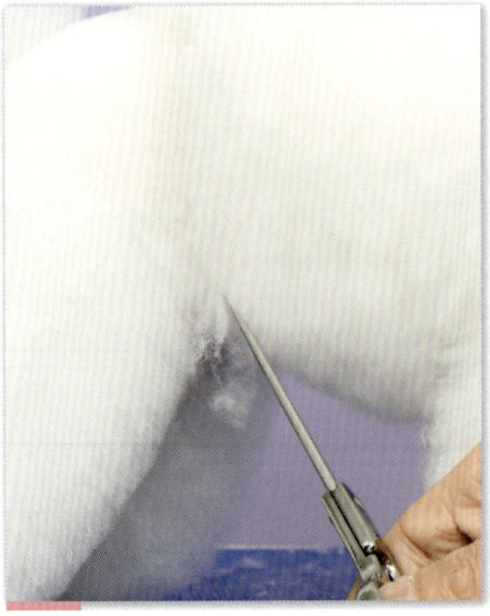

51 メイン・コートをコーム・ダウンし、パーティング・ラインの下からテーブルに対して45度の角度でアンダーラインをカットします。

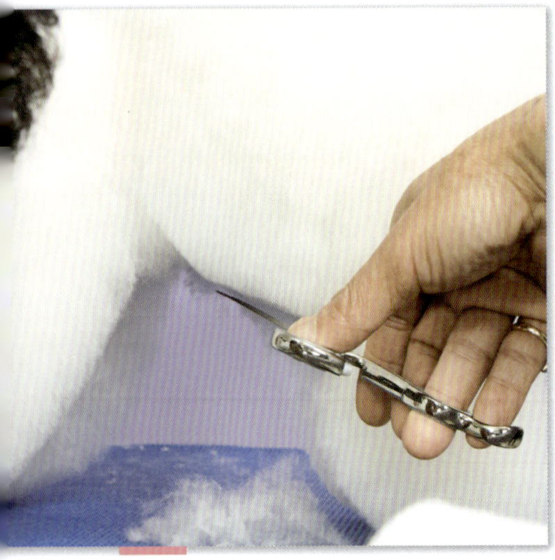

52 肘の後ろ〜(51)をやや斜めにつなげるように、アンダーラインをカットします。

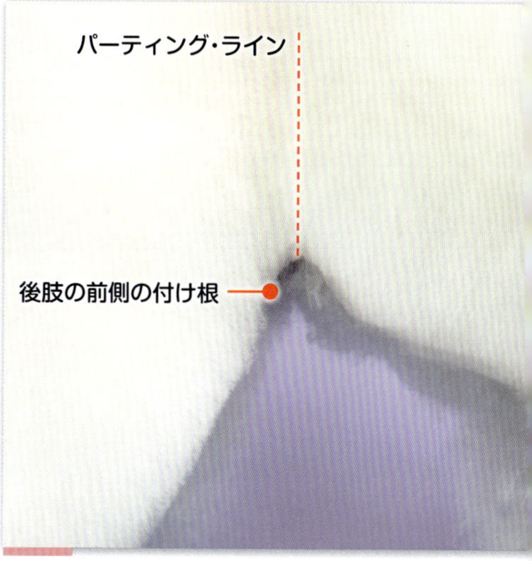

53 後肢の前側の付け根〜パーティング・ラインの下部を、やや丸みのあるラインでつなぐようにカットします。

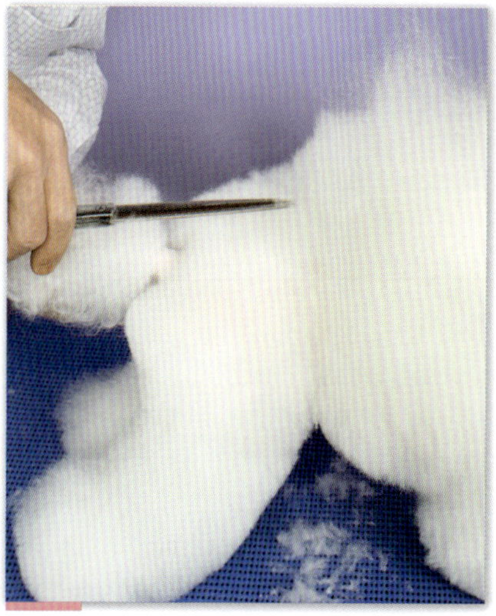

54 後躯の背線を、パーティング・ラインの位置まで伸ばすようにカットします。

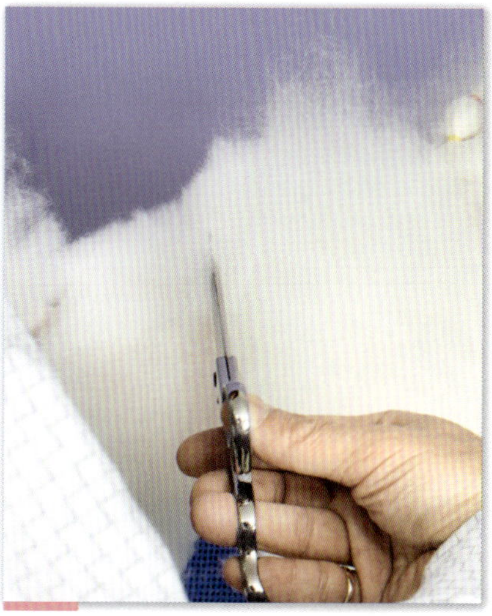

55 パーティング・ラインに沿ってメイン・コートをカットします。ハサミはテーブルに対して垂直に当てるようにします。

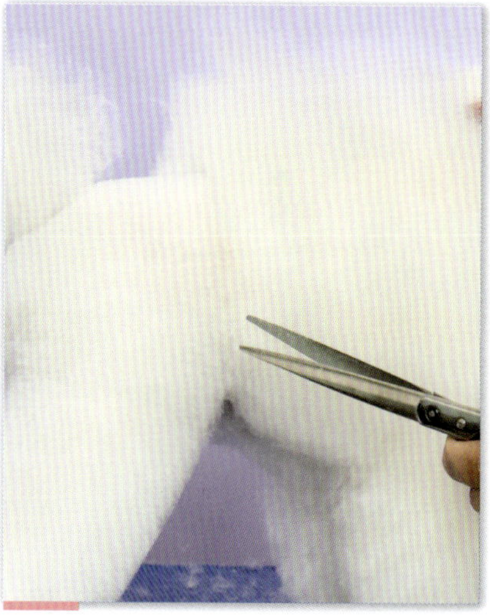

56 メイン・コートのサイドと(55)の角を取るようにカットします。

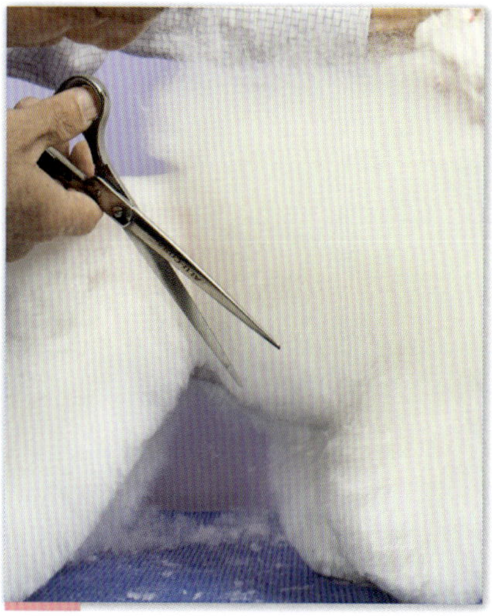

57 (51)と(56)の角を取るようにカットします。

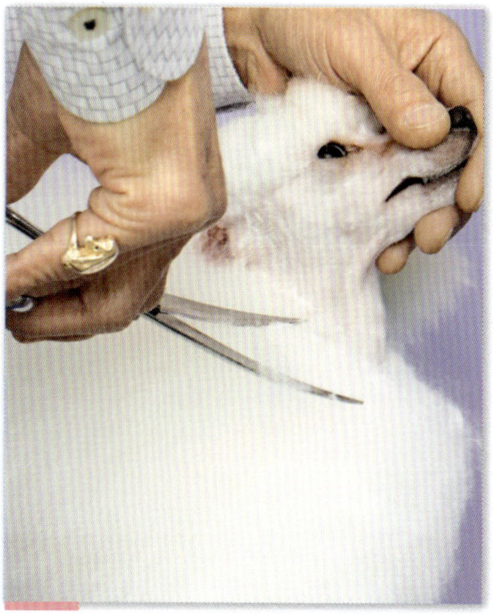

58 胸をカットします。ハサミを背骨に対して直角に当て、ネック・ラインに沿って前胸の毛をカット。さらにメイン・コートの外側の面との角を取っておきます（カーブシザー）。

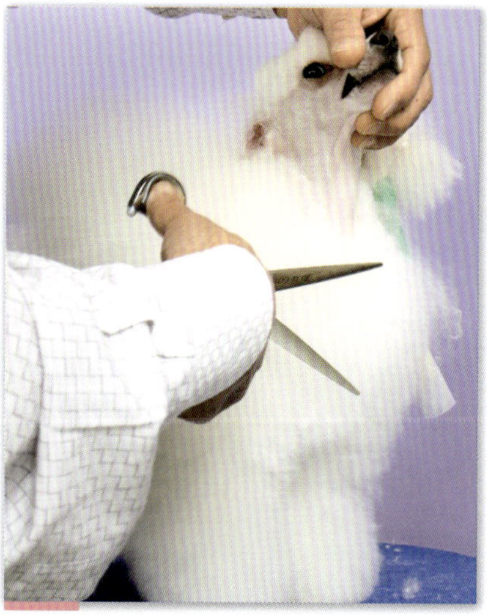

59 前胸をテーブルに対して垂直にカットし、メイン・コートの外側の面との角を取っておきます。

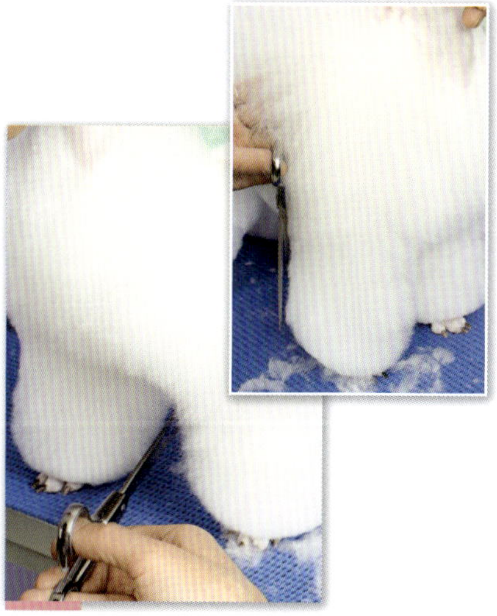

60 前肢をカットします。立毛し、外側・内側・前側・後ろ側を真っ直ぐにカット。それぞれの面のあいだにできる角を取ります。

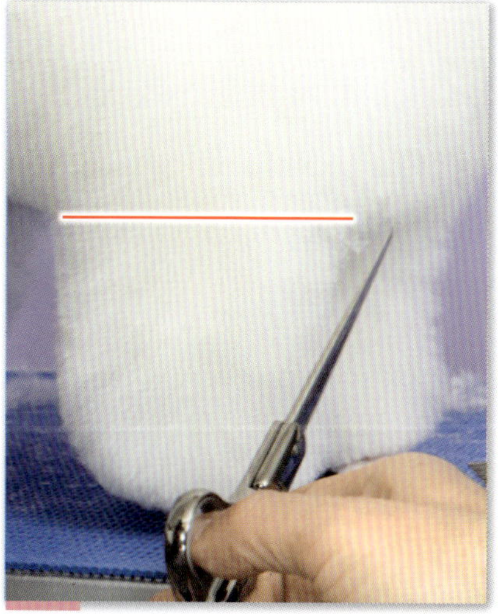

61 胸とボディのアンダーラインをつなげます。胸底（前肢のあいだ）がテーブルに平行になるようカット。

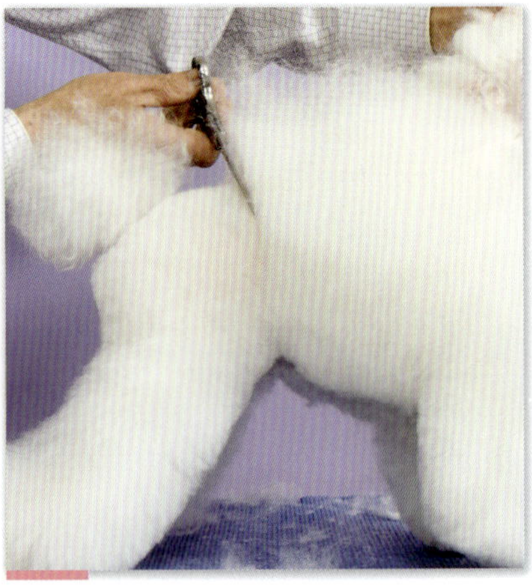

62 メイン・コートの後部を決めます。立毛し、パーティング・ラインに沿ってカットし直します。ハサミの角度はテーブルに対して垂直より、ややボディ後部へ向けて寝かせるようにします。

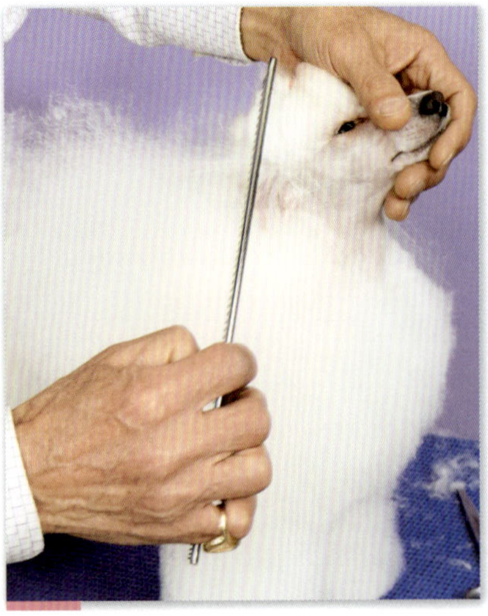

63 耳の後ろ付け根より後方の毛を、後ろへ軽く逃がすようにコーミングします。

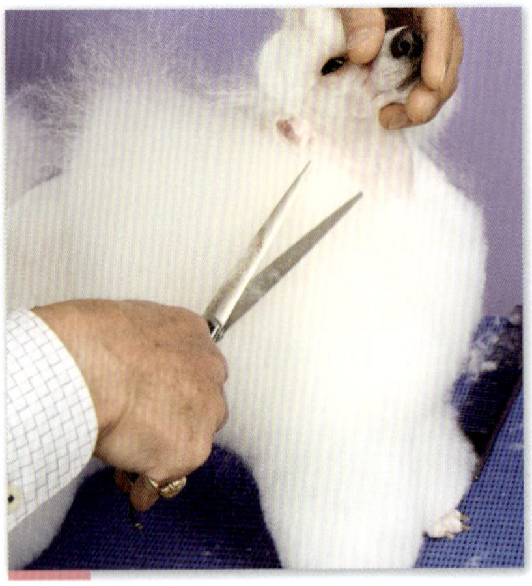

64 肩のあたりの、座骨端から背線の高さのメイン・コートを少しだけ角度を付けてカットします。この部分をカットしておくと、トップ・コートを前からほど良く押さえることができます。

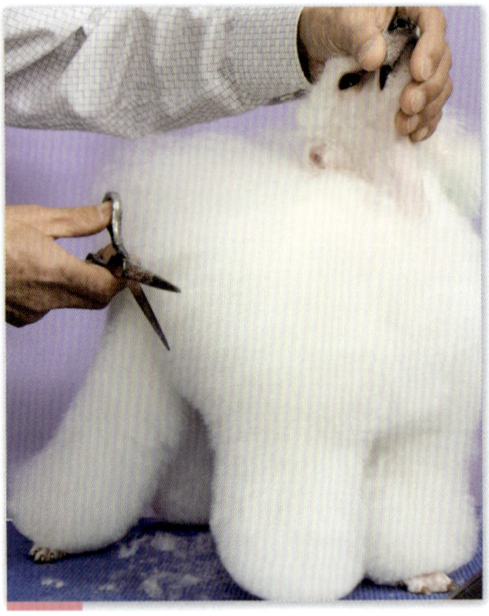

65 メイン・コートのサイドをカットします。タック・アップの高さまでを目安に、メイン・コートの下側を切り上げます。(51)と(52)の角度の違いを意識しながらカットします。

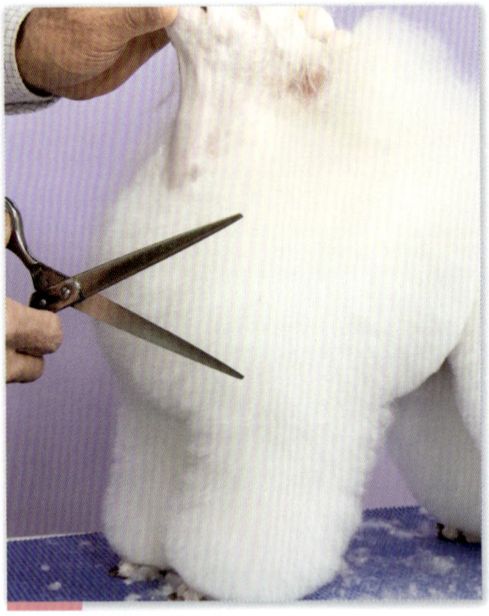

66 エプロンの下側を、やや角度を付けて切り上げます。

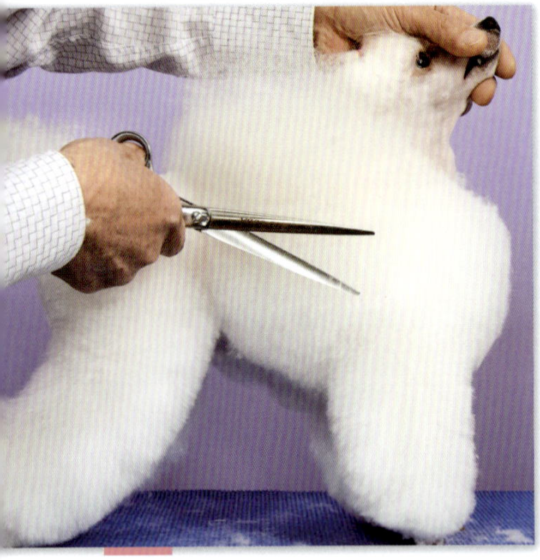

67 メイン・コートのサイドをカットします。タック・アップから座骨端の高さまで、テーブルに対して垂直にカットします。

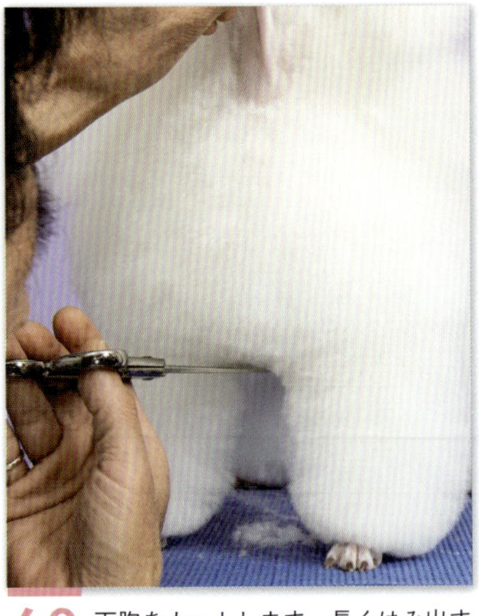

68 下胸をカットします。長くはみ出す毛があればきれいに取っておきます。

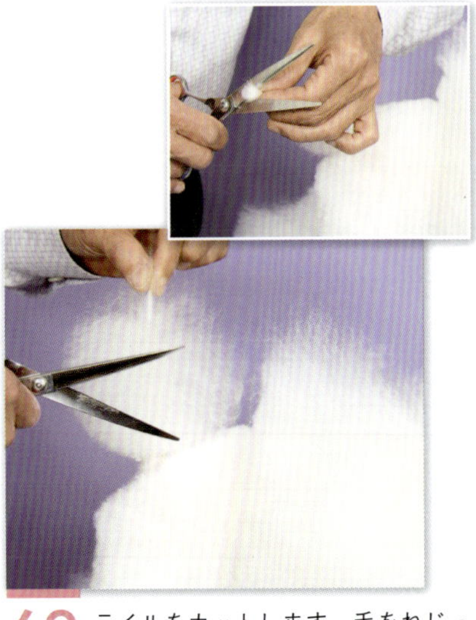

69 テイルをカットします。毛をねじって毛先をカットし、ポンポンを丸く整えます。

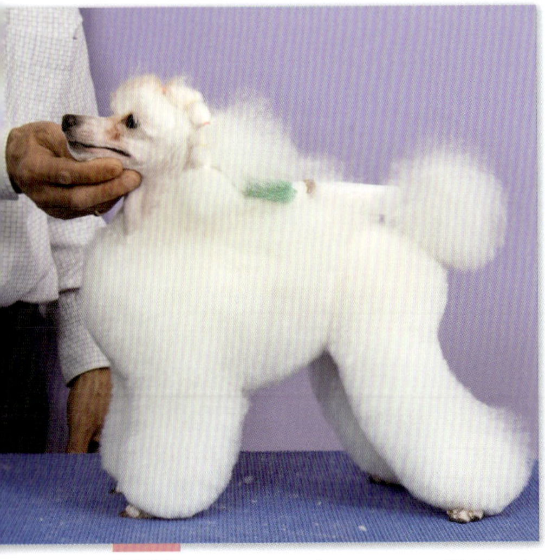

70 セットアップ前のカットが終了したところ。

Toy Poodle

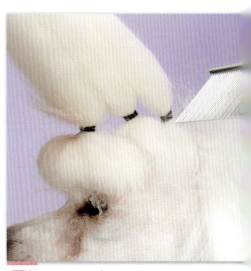

73 スプレーとコーミングを繰り返し、メイン・コートをしっかり立ち上げます。

72 真ん中の毛束の後ろ1/3を取り、後ろの毛束の前1/3とまとめて留めます。（毛量によってはツー・ブロックにしても良い）。

71 セットアップをします。耳の前付け根より前の毛を3つに分けて留め、スウェルの膨らみを作ります。

76 バランスを見ながら、メイン・コートをカットし、高さや厚みを整えます。

75 スプレー・アップがほぼ終わったところ。

74 ある程度毛を立ち上げたら、毛先だけにフォーク・コームを入れ、毛の流れを整えます。

finish

77 耳のラッピングを外してコーミングし、必要に応じて毛先をカットします。

トイ・プードルの
パピー・クリップ

1歳未満の子犬用のショー・クリップで、プードルの子犬らしいかわいさが表現されています。
被毛を育てる時期でもあるので、ていねいな取り扱いを心がけましょう。

講師：金子幸一

Toy Poodle

before

前回のトリミングから2カ月。

1 ミニ・クリッパーで、足先から指の付け根（握りの曲がる部分）まで逆剃りします。

2 後ろ側も、①と同じ高さまで逆剃りします。パッドや指のあいだの毛も、きれいに取っておきます。

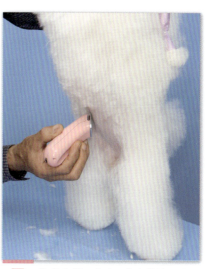

3 腹部を刈ります。犬を後肢で立たせ、へそから下、鼠径部より内側を逆剃りします。

4 テイルを刈ります。1ミリの刃を付けたクリッパーで、テイルの付け根から2cmほど逆剃りし、テイル・セットにV字形の刈り込みを入れます。

5 ④のクリッピング・ラインから続けて、テイルのサイドを、テーブルに対して30度の傾きを付けて逆剃りします。

6 テイルの裏側を刈ります。⑤の刈り終わりのポイントを、肛門の下でV字形につなげるように刈ります。

7 のどから下へ、マズルと等距離のポイントをネック・ラインの頂点とし、頂点〜下顎を真っ直ぐに逆剃りします。

8 耳孔の前の毛を取り、ネック・ラインの頂点〜耳の後ろ付け根をU字形に結ぶように逆剃りします。

11 イマジナリー・ラインを作ります。耳の前付け根〜目尻に、犬が正しく立ったとき、テーブルに対して平行になるラインを入れます。

10 目の下〜マズルを逆剃りします。

9 下顎と上下のリップ周りをきれいに刈ります。

13 涙やけが目立つときは、ミニ・クリッパーで気になる部分をクリッピングしてもかまいません。

point
犬の左側（向かって右）は前から、右側（向かって左）は後ろからクリッパーを当てると失敗がありません

 右側 　 左側

12 ストップ〜マズル上部を刈り、インデンテーション（目と目のあいだに入れる彫り込み）を入れます。

16 フット・ラインの前側の角度を決めます。側望し、⑮と垂直に交わる角度で、ほど良い丸みを付けて切り上げます（カーブシザー）。

15 フット・ラインの後ろ側の角度を決めます。側望し、テーブルに対して45度の角度で、ほど良い丸みを付けてカーブシザーで切り上げます。

14 後肢のフット・ラインをカットします。肢の毛をコーム・ダウンしてテーブルの端に犬を立たせ、①〜②のクリッピング・ラインに沿ってカットします。ハサミは、テーブルに対して平行に当てます（カーブシザー）。

Toy Poodle

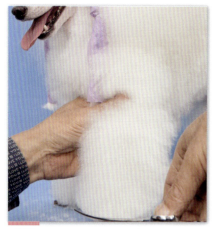

19 フット・ラインの前側と後ろ側の角度を決めます。パスターンの曲がりがあるので、角度に微調整が必要。側望し、前側はテーブルに対して30度、後ろ側は45度を目安にカーブシザーで細かく切り上げます。

18 前肢のフット・ラインをカットします。足先を伸ばした状態で前肢を持ち上げてコーミングし、カーブシザーでテーブルに対して平行にカットします。

17 フット・ラインの外側・内側の角度を決めます。後望し、それぞれテーブルに対して45度の角度で、ほど良い丸みを付けて切り上げます（カーブシザー）。

21 腹部をカットします。犬を後肢で立たせてコーミングし、③のクリッピング・ラインにハサミを入れ直します。

point X脚が強い場合は、内側より外側のフット・ラインをやや低めにしておくと安心。後で修正しやすくなります

20 フット・ラインの外側・内側の角度を決めます。前望し、テーブルに対してそれぞれ45度を目安に、ほど良い丸みを付けて切り上げます。

24 テイルを上げ、テイルの前で盛り上がる毛をカットします。

23 背線（体長の後ろから1/3程度のところまで）をカット。テイルを下げ、前へ向けてやや上げる角度でカットします。

22 ④で入れたV字形のクリッピング・ラインにハサミを入れ直します。

27 お尻〜後肢後ろ側をカットします。テイルを上げ、後肢のアンギュレーションが始まるポイントからテイル・サイドの切り終わりにぶつかるところまで、テーブルに対して垂直にカットします。

26 肛門にかかる毛をカットし、⑥のクリッピング・ラインにハサミを入れ直します。

25 テイルのサイドをコーミングし、⑤で入れたテイルの両サイドのクリッピング・ラインにハサミを入れ直します。

30 カーブシザーで後肢の後ろ側をカットします。立毛し、飛節〜㉗に向けてややアールを付けてカットします。続けて外側の面との角を取ります。

29 後肢の外側は、膝のあたりの高さでテーブルに対してほぼ垂直にカットし、膝より下はやや広げます。

28 大腿部〜後肢の外側をカットします。後躯の幅は体高の40％を目安にし、背骨に対して平行にハサミを当てます。

33 後ろからハサミを入れる場合、内側の面の前のほうは毛が逃げやすいので、刃先をやや外に向けてカットすると背骨に対して平行な面が作れます。

32 後肢の内側をカットします。外側の面に対してやや裾広がりにカットし、後ろ側との角を取ります。写真は右後肢のみカット済み。

31 内股をカットします。片方の肢を持ち上げてハサミの静刃を陰部の横に当て、わずかに平らな面を作るようにカットします。

Toy Poodle

36 後肢前側の毛を前へ向けてコーミングし、後肢の前側をカットします。側望し、フット・ラインから膝まで㉚に対してやや裾広がりにカットします。

35 後躯のサイドと背線との角を取り、さらに㉕との角を取ります。丸みを付けすぎず、やや角を残すようにカットします。

34 ⑮と㉚の角をテーブルに対して垂直に、少しだけカット。カーブシザーで、接している面との角を取ります。

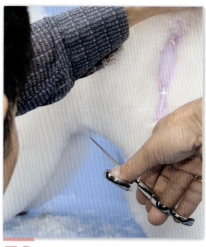  

39 中躯のアンダーラインをカットします。キ甲とテーブルの中間点から、体長の後ろから1/3のところまで、テーブルに対して20度の角度で真っ直ぐにつなげます。

38 ハサミを背骨に対して直角に当て、ネック・ラインに沿って前胸上部をカット。ネック・ラインの頂点には、前に出る毛をやや多めに残します。

37 膝より上は、ハサミをやや立ててカット。後肢の前側と外側、内側の角を取ります。

 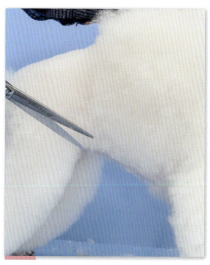 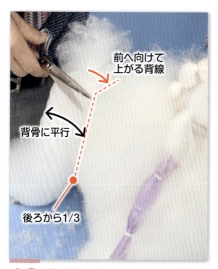

42 中躯のサイドをカットします。上望し、体の前へ向けて広がるようにカットします。ハサミは、テーブルに対して垂直に当てます。

41 ㊴の後ろの切り残しをやや丸みのあるラインでカットし、後肢の前側につなげます。

40 ㊴で決めた体長の後ろから1/3のところまで、㉓、㉘の面を延長します。

前へ向けて上がる背線

背骨に平行

後ろから1/3

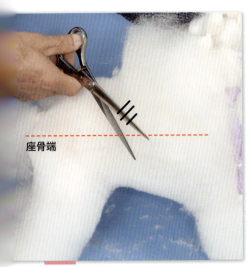

45 ㊹でカットした部分の座骨端の高さから上は、テーブルに対して45度の角度で切り下げます。

44 後躯〜中躯のつながりを整えます。中躯より前の毛の長さに合わせ、トップ・ラインに向けてつなげるようにカットします。

43 タック・アップからテーブルに対して平行な線を想定し、その線より下はテーブルに対して45度の角度で切り上げます。

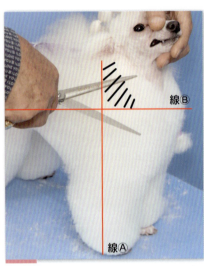

48 線Ⓐより前・線Ⓑより上を、テーブルに対して45度の角度を目安に背線の高さまでカットし、徐々にハサミの角度を立てて耳の後ろ付け根へ結びます。

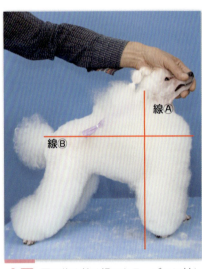

47 耳の後ろ付け根からテーブルに対して垂直な線（線Ⓐ）と、座骨端からテーブルに対して平行な線（線Ⓑ）を想定します。

46 前躯のサイドをカットします。ていねいに立毛し、背骨に対して平行（テーブルに対して垂直）にカットします。

51 前胸をカットします。㊿で決めた前肢前側の付け根〜線Ⓑ（座骨端の高さ）を真っ直ぐにつなげ、角を取ります。

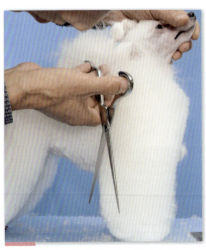

50 前肢の後ろ側は、㊴で決めたアンダーラインの始まりから、フット・ラインへ向けて真っ直ぐにカット。前側も同じ高さから真っ直ぐにカットし、前肢の各面のあいだにできた角を取ります。

49 前肢をカットします。内側と外側は、フット・ラインへ向けて真っ直ぐにカットします。

52 ⑤①と④⑥でカットした前胸のサイドからできる角を取ります。

53 テイルをカットします。毛をねじって持ち、毛束の中央をくぼませるように毛先をカット。ポンポンを広げ、カットして丸く整えます（カーブシザー）。

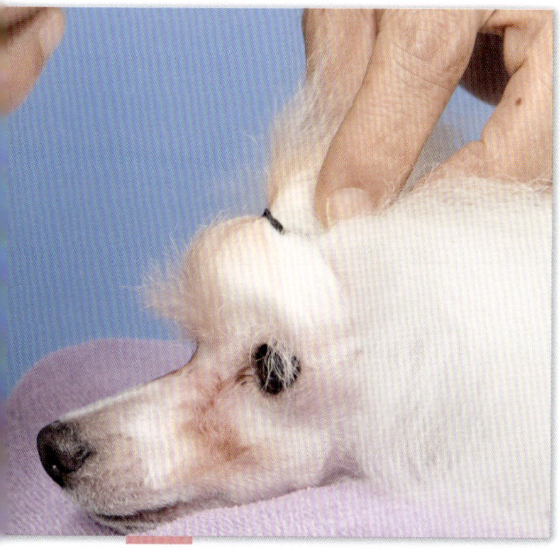

54 セットアップをします。耳の前付け根〜目尻の中間点でV字形にライン付けしながら毛を分け、ゴムをかけてスウェルの膨らみを作ります。

55 耳の前付け根と⑤④の分け目の中間点で、毛を真っ直ぐに分けてゴムをかけます。パピーは毛が短いので毛束の数を減らして、ツーノットにもしません。

56 前の毛束の後ろ1/3と、後ろの毛束の前1/3をまとめ、ゴムをかけます。毛束を2つに分けて引っ張り、ゴムを毛束の根元までずらします。

57 スプレーとコーミングを繰り返してコートを立ち上げ、アウトラインをカットして整えます。

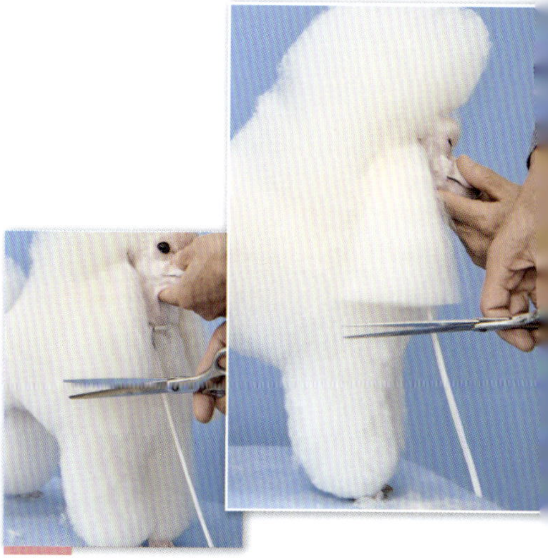

58 耳をカットします。毛先を真っ直ぐにカットし、切り口と外側の角だけを少し落とします。

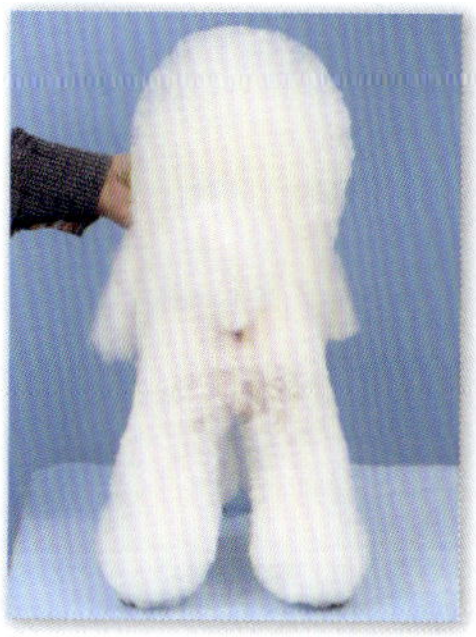

finish

トイ・プードルの
ケネル&ラム・クリップ

ショー・クリップではありませんが、
伝統的なペット・カットでプードルの基本とも言えるスタイル。
基本スタイルだからこそ、スタンダードを深く知って理解した上でのスタイリングや表現が必要です。

講師：田中美恵子

Toy Poodle

2 ①から続けて、目の下〜マズル〜下顎を刈ります。毛流を確認しながら逆剃りします。

1 顔にイマジナリー・ラインを入れます。0.5〜1ミリ刃のクリッパーで、目尻〜耳の前側の付け根まで逆剃りします。

before

前回のトリミングから約1カ月。耳の毛はまとめて軽く留めておきます。

4 両目のあいだをストップで真っ直ぐにつなげた後、マズルの長さに合わせて、ハサミでインデンテーション（逆V字）を入れます。

point

マズルを刈るときは、下顎の2本の骨のあいだに人さし指（または親指）を入れて保定します

3 リップ周辺の皮膚を左手で引き、口の中に巻き込んだ毛を残さず刈ります。

7 前肢のフット・ラインを刈ります。真っ直ぐなラインにするため、前・後ろ・内側・外側を並剃りした後、逆剃りで仕上げます。

6 ⑤の目印〜左右の耳孔の下を結ぶように逆剃りします。このラインが曲がるとバランスが崩れるので、必ず真っ直ぐにライン付けします。

5 ネック・ラインを刈ります。前望し、アダムス・アップルより指の幅1〜2本分下の位置に、クリッパーで目印を付けます（カットに入ってからバランスを見て微調整）。

10 後肢のフット・ラインを刈ります。⑦〜⑨と同様に作業し、真っ直ぐなラインを作ります。どの肢も刈り上げすぎないようにしましょう。

9 足裏を刈ります。パッドのあいだや縁の毛を取り、⑦〜⑧と同じ高さまでクリッピングして、フット・ラインのつながりを確認します。

8 保定している左手の親指で毛を起こし、爪の生え際の毛をきれいに取ります。指のあいだの毛もこの流れで続けて刈ると、スピーディーに作業できます。

13 腹部を刈ります。後肢で立たせ、へその高さまで逆剃りします。このとき、タック・アップの毛まで取らないように注意します。

12 テイルの根元を刈ります。テイルを立て、テイル・セットが確認できる程度に浅く逆剃り。後でハサミで微調整します。

11 肛門周りを刈ります。両サイドに幅を広げすぎると、品のない仕上がりになるので注意。

16 足を下ろし、犬の足の高さまで目線を下げてフット・ラインをカット。ハサミはテーブルに対して平行に当てます。

15 四肢のフット・ラインをカットします。肢の毛を下ろすようにコーミングし、⑦〜⑩で決めたラインにハサミを入れ直します。

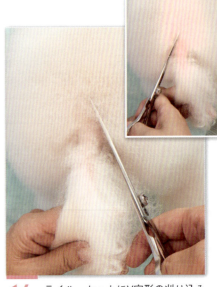

14 テイル・セットにV字形の刈り込みを入れます。V字の開いた側はテイルの幅に合わせ、側望して尾付きを良く見せるようカットします。

Toy Poodle

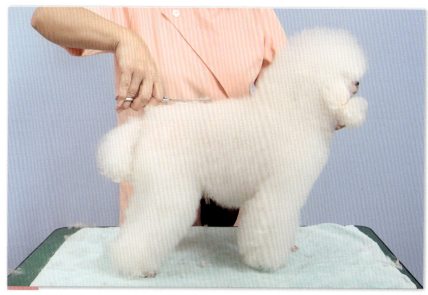

18 テイルの付け根の両サイドを、なだらかな角度でカット。お尻へのつながりを作ります。

17 背線をカットします。犬を正しく立たせ、後躯から前へ向けて（キ甲のやや後ろまで）犬の背骨に対して水平にカットしていきます。

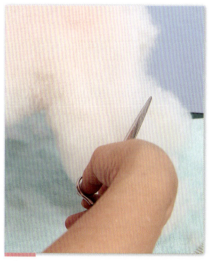

21 後肢の後ろ側をカットします。⑲の切り終わりから飛節へ、ハサミを自然な角度で後ろへ滑らせるようにカットします。

20 前胸をカットします。⑤〜⑥で決めたネック・ラインの頂点から、真っ直ぐに落とします。座骨端とのバランスを見て、胸骨端の目印も付けます。

19 お尻は真っ直ぐに落とします。この時点で座骨端の位置を確認し、目印を付けておきます。

point 側望してバランスを確認し、下腿骨を長く見せることを意識しながらカットしましょう

point ㉑〜㉓の作業によって、健全なアンギュレーションを表現します

23 後肢の後ろ側と内側、外側の角を取ります。㉑の角度に合わせて、ハサミを低めに滑らせるようにカットします。

22 後肢の内側をカットします。左手で陰部を押さえ、真っ直ぐに落とすようにカットします。

26 ボディの前部をカットします。前肢の付け根の位置を確認し、ハサミで軽く目印を入れておきます。

25 後肢の内側を整えます。外側の面とのバランスを見ながら、太さや角度を調整。左右の肢が内側でぶつからない程度の距離感が必要です。

24 後肢の外側をカットします。後望し、腰から下へ軽く広がるAラインを作るようにカットします。

point
ボディと肢の前後が決まったら犬を正しく立たせ、テイルを上げてバランスを確認します

28 ㉖より上の前胸は、⑳でカットした部分を整えて、下部で丸みを付けて下胸へつなげます。

27 ㉖より下の前肢の前側を、テーブルに対して垂直にカットします。

30 ウエストの位置を確認します。後肢の前側のラインを上へ延長した位置を目安にします。

29 タック・アップは、前へ出しすぎると全体のバランスが崩れます。肘の位置、胴の長さ、後肢の太さなどを考え、自然な位置に設定しましょう。

Toy Poodle

31 アンダーラインをカットします。㉙で設定したタック・アップへ刃先を向け、前後からそれぞれカットします。

32 ㉚で決めたウエストに向けて前から刃先を向け、軽く絞るようにカットします。

33 刃先を上へ向け、ウエストから後ろへ広げるようにつなげていきます。

34 ネック・ラインをカットします。犬を正しく立たせ、⑥のクリッピング・ラインから、肩甲骨の角度でカットします。

35 ネック〜肩をつなげます。顔を正しい位置に保定し、サイドネック〜肩をなだらかにつなげ、肩より下は真っ直ぐにカットします。

36 前肢の内側を、真っ直ぐにカットします。

37 内側の面と肩からのつながりに合わせて、前肢の外側を整え直します。

38 前肢を片方ずつ持ち上げ、下胸〜アンダーラインをつなげます。

41 前肢の内側をカットします。肢の後ろからハサミを入れて整え、肢の後ろ側との角も取ります。

40 後肢の前側をカットします。全体のバランスや肢の太さを考え、モデル犬の場合はそろえる程度にカットします。

39 後肢の内側をカットします。肢の前からハサミを入れ、内側の面を整え直します。

44 頭部をカットします。十分にコーミングし、①のイマジナリー・ラインにハサミを入れ直します。

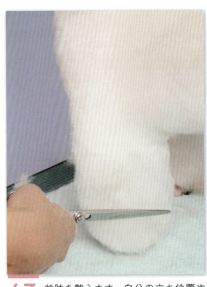

43 前肢を整えます。自分の立ち位置や視点の高さを変えながら、いろいろな角度から見て円柱状に仕上げます。

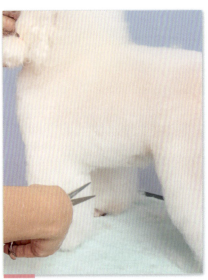

42 前肢の後ろ側をカットします。全体のバランスや肢の太さを考えてカットします。切りすぎて胴長な表現にならないよう注意。

> **point**
> クラウンを広げる角度は、チークの張りなどに合わせて調整します。カット前に、コームで毛を押さえるなどしてイメージを確認すると良いでしょう

46 前望し、クラウンの両サイドを耳の前までカットします。㊹のイマジナリー・ラインから上へ向けて広げるように整えます。

45 ストップをカットします。マズルに対して45度の角度でカットし、㊹へつなげます。

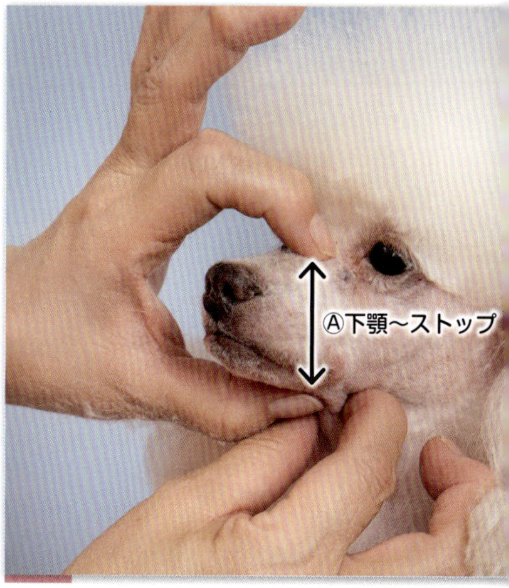

47 クラウンの高さを決めます。まず、下顎～ストップの高さ（Ⓐ）を確認します。

48 ストップから㊼に指の幅1本分加えた高さが、クラウンのトップの目安になります。

49 ㊽の高さで、頭頂部を真っ直ぐにカットします。

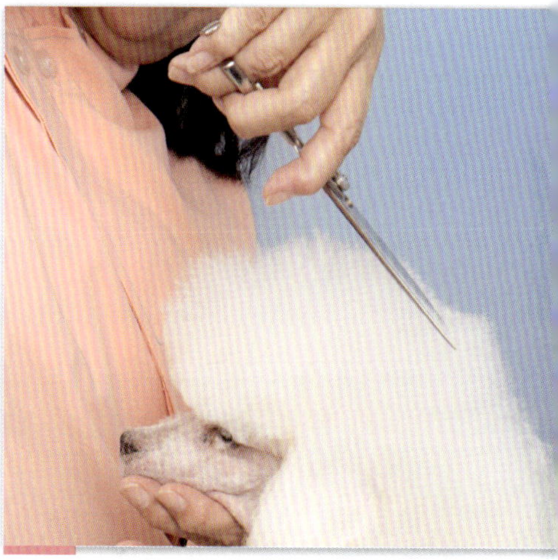

50 クラウンの後ろ側（後頭部の位置）を決めます。側望したとき、マズルとのバランスで過不足のないように設定しましょう。

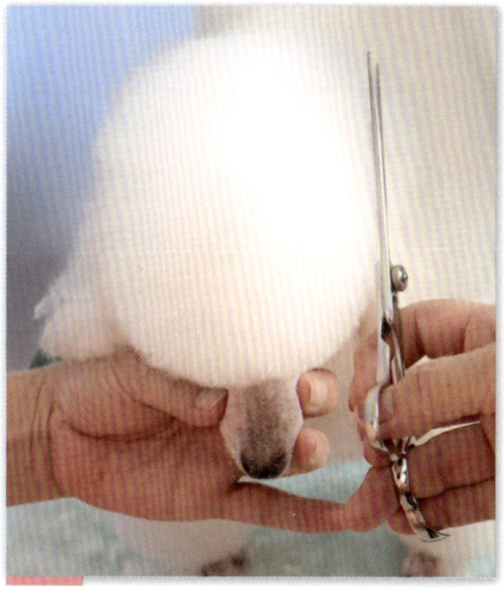

51 クラウンの幅を決めます。㊻のラインを、耳の上を通って真っ直ぐ後ろへ延長するようにカットします。サイドの立ち上げ角度により、顔貌表現が変化するので注意。

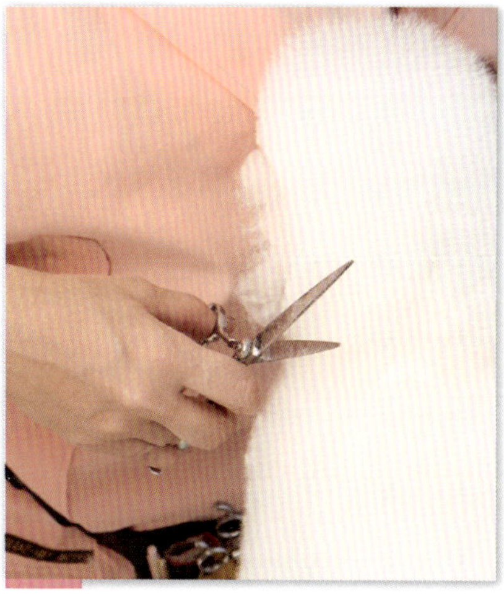

52 サイドネックをカットします。耳を前で押さえ、㊿～肩をなだらかにつなげます。

53 ㊿～ネックの後ろ側を、なだらかにつなげます。

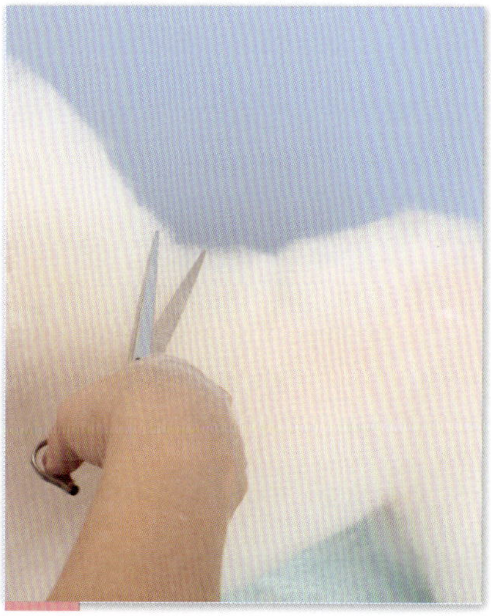

54 ㊸～背線をつなげます。全体のバランスを確認しながら、より「ショート・バック」な表現になるようネック～キ甲～背線をカットします。

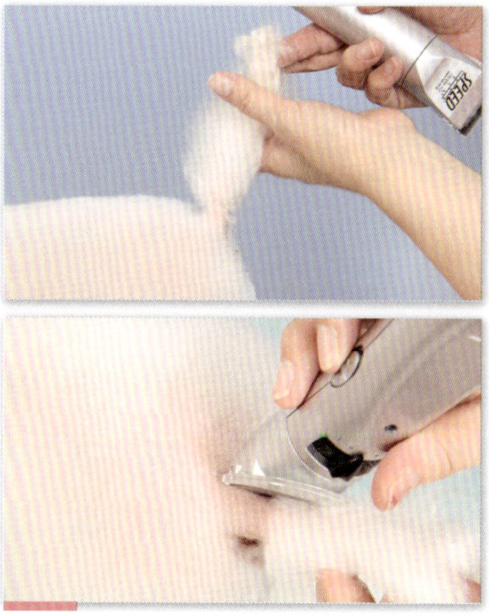

55 テイルを仕上げます。犬を正しく立たせてテイルを上げ、⑫・⑭のクリッピング・ラインを最終調整します。

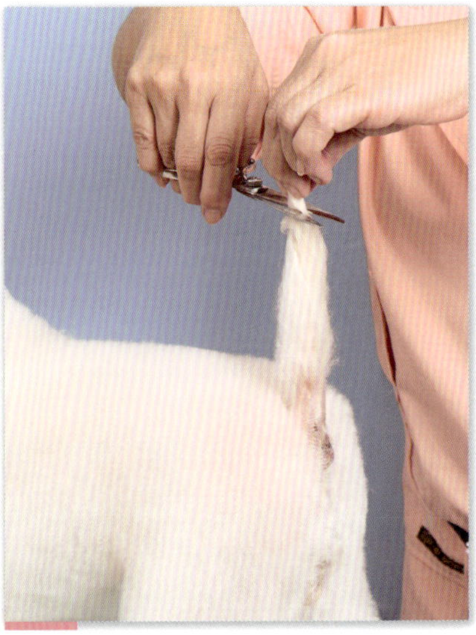

56 テイルの毛をまとめてねじり、クラウンの高さとのバランスで、やや低めに毛先をカットします。

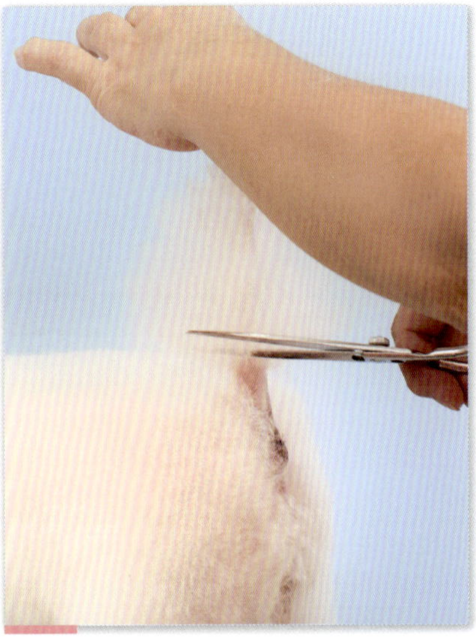

57 毛先を持ってテイルを立て、ポンポンの下側のクリッピング・ラインにハサミを入れ直します。

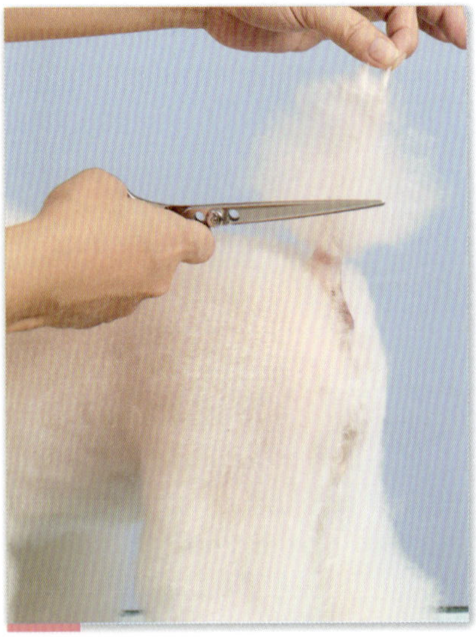

58 (57)から上へ、ポンポンを丸めながらカットしていきます。視点を変えながら球を作ります。

59 保定でつまんでいた毛先をカットします。

60 耳をカットします。ゴムを外してコーミングし、側望してバランスの良い長さにカット。前後に少しだけ丸みを付けます。

61 前望・後望し、内側を軽く切り上げて丸みを付けます。胸骨端より長くならないほうが良いでしょう。

finish

トリミング（グルーミング）& スイニング犬種

- Yorkshire Terrier
- Shih Tzu
- Maltese
- Pomeranian
- Bedlington Terrier
- Bichon Frise
- American Cocker Spaniel
- English Springer Spaniel

ヨークシャー・テリアの
スタンダード・スタイル

ヨークシャー・テリアがフルコートになるのは3歳前後が一般的。
被毛の長さと美しさを保つためには、日ごろのケアが何よりも大切です。
ショーシーズン以外でも2週間に1回はシャンプーし、
ラッピングは毎日外してからブラッシングして包み直します。

講師：小笠原栄子

Yorkshire Terrier

before

頭部以外のラッピングをすべて外したところ。

1 ピンブラシで、ボディを毛流に沿ってブラッシングします。

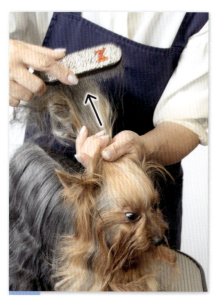

2 頭部のラッピングも外し、頭部の毛を後ろへ向けてブラッシングします。

3 シャンプーの準備をします。肛門腺を絞り、ぬるめのお湯をボディの後部からかけて皮膚まで十分に濡らします。

4 背線の真っ直ぐな分け目を保ったままボディの前部へ向けて作業を進め、頭部まで十分に濡らします。

5 汚れをしっかり落とし、毛色をくっきり出すため、毛色がタン（黄褐色）の部分から洗っていきます。

6 指の腹で皮膚をマッサージするようにこすり洗いをします。目の周り、顎の下などもていねいに。

7 耳（表側と裏側）と鼻鏡の上は、やわらかいブラシ（豚毛のブラシや歯ブラシなど）でこすり洗いをします。

8 上からかぶさるボディの毛を分け、四肢を洗います。指のあいだや爪の生え際はていねいにこすり洗いし、パッドのあいだは⑦と同様にブラシを使用。

11 腹部、内股もこすり洗いをします。

10 ボディやテイルの長い飾り毛は、両手で持って指を通すようにして洗います。

9 毛色がブラックの部分を洗います。毛はかき回さず、毛流に沿って上から下へこすり洗いをします。

14 ぬるぬるした感触がなくなるまで十分にすすぎます。長い飾り毛は、手にお湯をためるようにしてすすぎます。

13 ⑤〜⑪と同様に、2回目のシャンプーをします。2回目も、タンの部分から洗っていきます。

12 全身をすすぎます。すすぎながら、歯と歯ぐきの境目を指で軽くこすり、歯みがきをします。

17 泡が出なくなり、ぬるぬるした感触がなくなるまで十分にすすぎます。成分が残っていると、皮膚トラブルや毛のうねりの原因になります。

16 リンスをお湯で薄め（規定の濃度よりかなり薄めにする）、小さめのカップなどで少しずつ全身にかけていきます。

15 トリートメントを手に取って伸ばし、毛に張り付けるようなつもりで、全身に均一に付けていきます。

Yorkshire Terrier

20 犬を広げたタオルの上に立たせて静電気防止効果のあるジェルを全身に伸ばし、ピンブラシでトントンとたたくように毛をほぐしながらブラッシングします。

19 体をタオルで包み、タオルの上から毛を握るようにして水分を取ります。

18 毛を軽く握るようにして水分を絞ります。

point ドッグ・ショー前のドライングは、必ずジャッジサイド（左側）から。自然乾燥するとうねりが出ることがあるため、よりきれいに仕上げたい側からドライヤーを当てます

22 ボディの毛は数段に分け、上の毛を押さえておいて下の段（内側の毛）から乾かしていきます。

21 ドライングしていきます。ボディの毛を分け、肢を乾かします。ドライヤーの風は、基本的に毛流に沿って当てます。

25 胸や顔の飾り毛も、㉒と同様に内側の毛から乾かしていきます。

24 背線の分け目は、前から後ろへとかしながら風を当てます。

23 うねりを出さないためには、毛の根元をしっかり乾かすことが大切。ボディの毛は、根元から上へ向けてとかしながら風を当ててもかまいません。

28 頭部は、ピンブラシでとかしながら乾かします。

27 ドライヤーの風を弱め、コームでとかしながら顔を乾かします。

26 目の近くを乾かすときは、ブラシのピンが当たらないよう、手で犬の目をカバーします。

31 背線の分け目を決めます。リングコームで、テイルの付け根〜首の付け根を真っ直ぐ結ぶ分け目を入れます。

30 犬の全身にふれて、濡れているところがないことを確認。冷風を当てながら全身をブラッシングして毛を落ち着かせます。

29 犬を後肢で立たせ、腹部と内股を乾かします。

34 サイドボディの飾り毛を整えます。犬をテーブルの手前の端に正しく立たせ、コーミングします。

33 頭部の毛を仮留めします。目尻〜耳の付け根を結ぶラインで毛を分けます。さらに、左右の耳の幅の真ん中を結ぶラインで毛を分け、毛束をゴムで留めます。

32 ピンブラシで、㉛の分け目から左右にブラッシングします。

Yorkshire Terrier

37 ボディ後部の飾り毛をカットします。犬をテーブルの端に正しく立たせ、テーブルの縁より下に出る長さを残して、丸みを付けてカットします。

36 フロントの飾り毛をカットします。犬をテーブルの端に正しく立たせ、犬が立っている面と同じ高さで真っ直ぐにカットします。

35 犬が立っている面よりやや下で、飾り毛をハサミで真っ直ぐにカットします。

40 足を下ろして正しく立たせ、足先を爪が隠れるぎりぎりの長さで足の形に沿ってカットします。

39 後肢の足周りをカットします。肢を持ち上げ、パッドより長い毛をカット。さらに、足の形に沿って足先の毛をカットします。

38 テイルをカットします。ピンブラシでブラッシングした後、毛先をそろえる程度にカットします。

43 足を下ろして正しく立たせ、テーブルに着く足周りの毛をカット。足の後ろ側は軽く切り上げます。

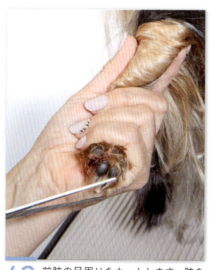

42 前肢の足周りをカットします。肢を持ち上げ、㊴と同様にカットします。

41 ㊵から続けて、足の内側と外側のテーブルに着く毛を、足の形に沿って丸くカットします。

46 ㊺でクリッピングした部分の縁をカーブシザーでカット。ハサミは、刃先を耳の付け根へ向けて当てます。

45 耳の表と裏をクリッピングします。耳の先端～付け根の高さの半分よりやや上までを目安に、ミニ・クリッパーで並剃りします。

44 前肢の上からタンの毛だけを下ろしてブラッシングし、㊸よりやや長めに足周りをカット。足の後ろ側は、㊸に合わせて軽く切り上げます。

49 ㊽の毛束の表面（いちばん前）の毛を薄く残し、それ以外の部分はしっかりと逆毛を立てます。

48 頭部をセットします。頭部の毛にワックスを薄く伸ばし、リングコームで左右の目尻を丸く結ぶように毛を分けます。

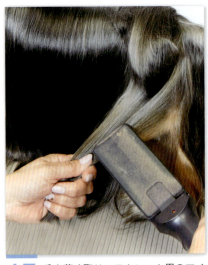

47 毛を薄く取り、ストレート用のアイロン（人間用）で毛を伸ばしていきます。上の毛を押さえ、下の段（内側の毛）から整えていきます。仮留めを外し、頭部の毛も伸ばします。

52 左右の耳の付け根よりやや後ろを真っ直ぐに結ぶように毛を分け、毛束の根元にゴムをかけて留めます。

51 ㊿のゴムにコームの歯を引っかけて頭の丸みに沿って後ろへずらし、スウェルの膨らみを作ります。

50 毛束をまとめて持ち、できるだけ前でゴムをかけて留めます。

Yorkshire Terrier

55 先の丸い毛糸針にヘアゴムを通し、前の毛束のリボンより下に横から通して針を取ります。

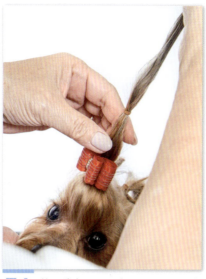

54 前の毛束の、リボンより3〜4cm上にゴムをかけます。

53 前の毛束にリボンを付け、スウェルの膨らみを調節します。

58 リボンの上を扇形に整え、はねた毛先をスプレーで張り付けて落ち着かせます。

57 52のゴムをかけた部分に、後ろへ流した56の毛束をクリップで留めます。

56 前の毛束の毛先を後ろへ折り、55のゴムを回して結びます。毛先は後ろへ流し、ゴムの端は短くカットします。

finish

59 獣毛ブラシで全身をブラッシングし、被毛につやを出します。

日常の管理のためのラッピング

3 ボディと顔にコートオイルを付けます。目の下〜口角で毛を分けてラッピングし、さらに左右の口角を顎の下で丸く結ぶように分けてラッピングします。

2 後ろの毛束も同様にラッピングし、さらに①の毛束とまとめてゴムで留めます。

1 前の毛束のゴムを外し、逆毛を解くようにとかします。コートオイル（ホホバオイルでも可）を付けてラッピングします。

6 テイルの飾り毛をラッピングし（皮膚まで包まないように注意）、左右の座骨端を結ぶ高さでタンの毛を取って包みます。

5 左右の肩甲骨の突起を結ぶ高さで毛を分け、1つにまとめて胸の前でラッピングします。

4 耳の後ろのタンの毛〜のどの付け根の毛、首の後ろ側の付け根〜のどの付け根の毛をそれぞれ1つの束にし、顔の横でラッピングします。

8 後肢は❶膝より上／❷飛節より上の2ブロック、前肢は❶肘より上／❷握りより上の2ブロックに分けてラッピングします。

後肢

> 毎日巻き直すのが基本です！

finish

前肢

7 サイドボディは⑤と同じ高さで、❶タック・アップより後ろ／❷肘より前／❸残った部分の前半分／❹後ろ半分の4ブロックに分けてラッピングします。

シー・ズーの
スタンダード・スタイル

シー・ズーの被毛の美しさと毛量を保つ基本は、毎日のブラッシングです。
表面だけ整えるのではなく、皮膚にピンを当てながらとかすことが大切。
質の良いコートを作るためには、皮膚を健康にする必要があるからです。

講師：藤ヶ崎恵子

毎日ブラッシングして、ラッピングし直すのが理想。シャンプーは1週間に1回を目安に。

1 ドライングまでは、ショーの前日に行います。右の後肢と中躯の右側のラッピングを外し、スプレー（静電気防止効果のあるもの）をかけます。

> **point**
> ブラッシングは、体をいくつかのパートに分けて1カ所ずつ進めます。最初のパート（右の後肢）をとかしているあいだに、次にとかすパート（中躯の右側）にはスプレーをかけてなじませておきます

3 毛を薄く下ろしながら、上（表面の毛）のほうへブラッシングを進めます。毛の表面だけとかすのではなく、ピンを犬の皮膚に確実に当てるようにします。

2 ピンブラシで右の後肢をとかします。上からかぶさる毛を持ち上げておき、下（内側の毛）からとかし始めます。

> **point**
> ピンブラシは軽く持ち、面全体を当てるようにします。ブラシの縁を当てると、1点に力が加わりすぎて毛が切れたり、犬に痛い思いをさせることになるので注意

5 後肢をとかし終えたら、前躯の右側のラッピングを外してスプレーをかけてから中躯の右側をブラッシングします。

4 ブラシが通りにくいところは無理にとかさず、いったんブラシを抜いて絡んだ毛を指でほぐしてからブラッシングします。

Shih Tzu

8 頭部のゴムを切って外し、頭部をブラッシングします。枕に犬の顎を乗せるようにしてとかすとよいでしょう。

7 耳や頬の毛は、ブラシの下から左手を添えてとかします。

6 ①〜⑤と同様にボディと四肢の両側をとかし終えたら、腹部もとかします。毛玉ができやすい脇もていねいにブラッシングしておきます。

11 適切な濃度に薄めたクレンジングシャンプーで、汚れやすい足先から洗っていきます。

10 ぬるま湯をためたベビーバスの中に犬を立たせ、シャワーで全身を濡らします。全身が濡れたらお湯を抜き、肛門腺を絞ります。

9 マズル周辺だけは、コームでとかします。

14 指先に泡を付け、ストップを親指の腹でこすり洗いします。

13 毛先は手で握り、軽くもむように洗います。

12 ボディにクレンジングシャンプーをかけます。背線の分け目を乱さないように注意しながら、指の腹で皮膚をマッサージするように洗います。腹部も忘れずに。

17 2回目のシャンプーをします。⑪〜⑯と同様に、適切な濃度に薄めたシャンプー（クレンジングシャンプーではなく通常のタイプ）で全身を洗い、十分にすすぎます。

16 クレンジングシャンプーをすすぎます。ぬるぬる感がなくなるまで、シャワーで十分にぬるま湯をかけながら洗い流します。

15 頭部と顔の毛は、毛先を手で握って軽くもむように洗います。

19 ベビーバスに栓をした状態で、シャワーでお湯をかけます。たまったお湯を手でかけ、毛の内側までトリートメントを浸透させます。

18 トリートメントを手に取って伸ばし、毛先から付けていきます。表面だけでなく、内側の毛にもしっかりトリートメントをなじませます。

22 タオルを敷いたテーブルに犬を移し、別のタオルを体にかけます。ボディなどは手のひらで押さえ、長い飾り毛はタオルの上から握るようにして水気を取ります。

21 毛束を手で握るようにして水気を絞ります。

20 静電気防止のために、さらに適切な濃度に薄めたリンスをかけます。ベビーバスのお湯を抜き、シャワーで十分にすすぎます。

Shih Tzu

25 ドライヤーの風は、必ず上から下へ。皮膚までしっかり風を通します。1カ所を完全に乾かしてから次のパートへ移動します。

24 足先から乾かしていきます。上からかぶさる毛を押さえ、ピンブラシでとかしながら風を当てます。下（内側の毛）から上（表面の毛）へ向けて乾かしていきます。

23 テーブルに敷いたタオルを外し、頭部以外にスプレーをかけます。

28 風が直接当たらないよう目を左手で覆い、頭と頬を乾かします。続けて、下顎〜のどを乾かします。

27 ボディと四肢が完全に乾いたら、頭と耳にスプレーをかけて耳を乾かします。表と裏からそれぞれ風を当てます。

26 ブラシが引っかかったらいったんブラシを抜き、絡んだ毛を指でほぐしてからブラッシングします。

31 分け目から左右へ、ボディをピンブラシでブラッシングします。

30 全身が乾いたらドライヤーを止め、背線で毛を分けます。背骨に沿ってリングコームで真っ直ぐに分け目を付けます。

29 風を弱め、マズル〜目の下の毛をコームでとかしながら乾かします。

34 ここからは、ショー当日に行います。ラッピングを外してスプレーをかけ、ピンブラシでとかします。

33 ブラッシング〜シャンプー〜ドライングが終了した状態。この後ラッピングしておきます。

32 鼻鏡の下をミニ・クリッパーで刈ります。

36 四肢の足周りをカットします。上からかぶさる毛を押さえ、毛を踏まない長さに仕上げバサミで丸くカット。

point アイロンをかけ終えた毛は、奥へ倒しておきます。片側のいちばん上の列をすべて終えてから、その下の列に移動します

35 毛を厚さ1cmぐらいずつ取り、アイロンで伸ばします。上（表面の毛）から下（内側の毛）へ作業を進めます。

39 左右の目尻〜耳の付け根の真ん中あたりを目安に、リングコームで毛を分けます。スウェルの仕上がりを想定してバランスを調節し、毛束の量を確認します。

38 ボディの飾り毛をカットします。テーブルの手前の端に立たせて全身をブラッシングし、毛先をそろえます。

37 上の毛を薄く下ろし、さらに長さと形を整えます。

Shih Tzu

41 ㊴で決めた分け目の位置で毛を取ります。表面（スウェルの前部）を軽くなでつけてなめらかに整え、ゴムをかけます。

40 ㊴を前後2つに分け、前の毛束の後ろ側に逆毛を立てます。

43 ㊴の左右から耳の付け根の上を通り、後頭部で丸くつなげるように毛を分けます。背線の分け目に対して左右対称になっていることを確認します。

> **point**
> ㊷の作業をすることで、毛束の中央がへこみ、周囲がふんわりと盛り上がります。毛束の結び目も落ち着き、スウェルの形をきれいに保てます

42 スウェルの膨らみが適度なところで押さえ、毛束の真ん中の毛を逆の手で細く取って引っ張ります。

46 前後の毛束をまとめ、結び目より5ミリほど上にゴムをかけます。

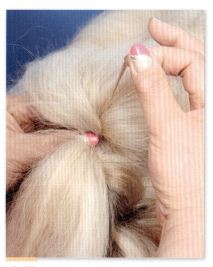

45 ㊸で決めた分け目の位置で毛を取ってゴムをかけ、㊷と同様に毛束の真ん中の毛を引っ張って結び目を落ち着かせます。

44 ㊸を前後半分に分け、後ろの毛束の前側に逆毛を立てます。

49 前へ向けて毛を薄く取りながら逆毛を立てていきます。前望したとき表面に見える毛だけは逆毛を立てず、なめらかになでつけます。

48 リボン（結び目）の上の毛を、後ろのほうから薄く取って逆毛を立てます。

47 結び目を隠すようにリボンを付け、スウェルの表面にチック（ホールド力の強い整髪剤）を塗って後れ毛やはねる毛を押さえます。

52 犬の顔などとのバランスを見ながら巻いた部分を扇形に広げて整え、ホールド力のあるスプレーをかけて固定します。

51 前へ向けて毛を薄く取りながら巻いていき、最後は表面の毛も一緒に巻きます。

50 逆毛を立てた部分を後ろから薄く取り、毛先から根元までコテで巻いていきます。

finish

53 口ひげも軽く逆毛を立て、ボリュームを出します。

日常の管理のためのラッピング

1 頭部の毛を中央で左右に分け、さらに目尻〜耳の付け根の真ん中あたりで前後に分けてゴムをかけます。左右を同様に。

2 ①の後ろの毛を耳の付け根あたりでそれぞれ前後に分け、ゴムをかけます。左右を同様に。

3 ①〜②の右側の2つの毛束をまとめて持ち、結び目の1〜2cm上に別のゴムをかけます。左側も同様に。

4 ③の毛束をそれぞれラッピングします。

5 目の下の毛（涙やけしやすい部分）を分けておき、マズルの左右の毛をそれぞれラッピングします。

6 左右の目の下の毛をラッピングします。邪魔にならないよう短めのペーパーを使い、ペーパーを留めるゴムは1本にします。

finish

7 ボディと四肢、残りの顔周りは、右の表のように分けてラッピングします。

テイル	付け根から上下2段に分ける
肛門の下（※）	1つにまとめる
後躯	大腿部〜後肢の毛を上下4段に分ける
中躯	前後に3等分し、さらにそれぞれを上下2段に分ける
前躯	上下2段に分ける
前肢	上下3段に分ける
下顎	1つにまとめる
耳	左右それぞれ1つにまとめる
頬	左右それぞれ1つにまとめる

※オスのみ。メスは大腿部と一緒に左右に分けてラッピングする。

マルチーズの
スタンダード・スタイル

マルチーズのフルコートを美しく保つためには、日々の手入れが欠かせません。ラッピングする際に骨格を理解して行うことと、真っ直ぐ下に落ちる毛流に合わせて四角くブロック分けすることがポイントです。

講師：高橋宏美

Maltese

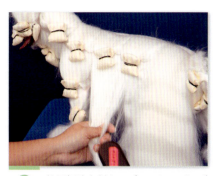
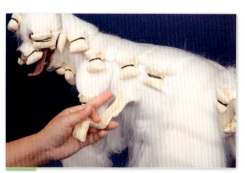

1 下のブロックから順にラッピングを外していきます。

2 静電気防止剤をスプレーし、ピンブラシでブラッシングします。

3 毛を真っ直ぐに伸ばし、リングコームで毛を薄く分けます。

4 分けた毛を、アイロンでゆっくりと伸ばします。毛を少量ずつ取ってていねいに作業するのが、きれいに仕上げるコツです。

5 毛先をカットします。テーブルの端ぎりぎりに立たせ、テーブルの面より長い毛を真っ直ぐにカットします。

6 ツーノットを作ります。リングコームで、左右の目尻を後頭部に向けて軽くふくらむ曲線で結ぶように分け目を入れます。

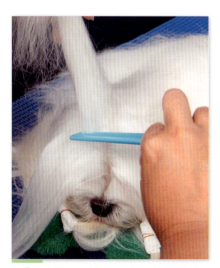

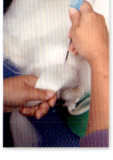

7 ⑥の毛束を、均等に左右2つに分けます。

8 片側の毛束の、前から1/3の毛を取り、コームで軽く逆毛を立てます。

9 同様に、残り2/3も軽く逆毛を立てます。

12 左右2つの毛束をまとめて持ち、スウェルの膨らみを調節します。

11 反対側の毛束も、⑧～⑩と同様に軽く逆毛を立ててゴムで留めます。

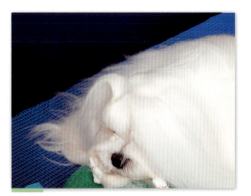

10 ⑧～⑨の毛束をまとめて持ち、スウェルの膨らみを整えながらゴムで留めます。

15 ラッピングの上から、リボンを付けます。

14 同様に、反対側の毛束もセット・ペーパーで包んで留めます。

13 ⑫の毛束の片方を、ゴムを隠すようにセット・ペーパーで包みます。後ろへ向けて半分に折り、ゴムで留めます。

finish

16 マズルの毛のラッピングを外してコーミングし、根元は軽く逆毛を立ててふんわりと整えます。

78

日常の管理のためのラッピング

3 目の幅のちょうど半分の点Ⓐと口角を結ぶラインで毛を分け、②と同様にマズルの毛をラッピングします。

2 ①で取った毛束に静電気防止剤をスプレーしてコーミングした後、セット・ペーパーで包み、数回折りたたんでゴムで留めます。

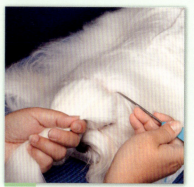

1 頭部をラッピングします。目尻〜耳の付け根のラインで毛を分け、さらに左右の耳の付け根を曲線で結ぶように分け目を入れます。

6 耳の下〜口角のラインで毛を取り、ラッピングします。

5 ラッピングした後、耳の皮膚を毛と一緒に包んでいないかどうか確認します。

4 犬を正しく立たせ、耳の付け根に沿ってぐるりと耳の毛を取り、ラッピングします。頭部や頬の毛を一緒に包んでしまうと、外耳炎や毛玉の原因になるので注意します。

9 ⑧の真下を、前肢の付け根の高さまで四角形のブロックで毛を取り、ラッピングします。

8 ボディの前部をラッピングします。肩甲骨の後ろ側から真っ直ぐなラインで毛を分け、⑦と同じ高さまで四角形のブロックで毛を取ってラッピングします。

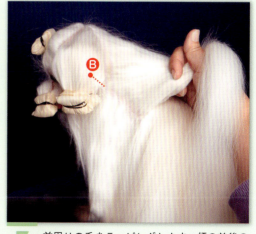

7 首周りの毛をラッピングします。頬の前後の幅中央の点Ⓑとキ甲から、それぞれ真っ直ぐなラインで毛を取り、ラッピングします。ラッピングする部分は、四角形のブロックにして毛を分けていくのがポイントです。

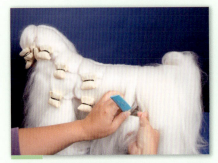

12 寛骨の前の端〜タック・アップまで真っ直ぐに毛を分け、⑩〜⑪と同様に、上下2段の四角形のブロックに分けてラッピングします。

11 ⑩で毛を分けたラインをボディのいちばん下まで伸ばし、四角形のブロックで毛を取ってラッピングします。

10 ボディの中央部をラッピングします。キ甲と寛骨の前の端の中間点(ラストリブより少し前)で真っ直ぐに毛を分け、⑧と同じ高さまで四角いブロックで毛を取ってラッピングします。

15 後肢をラッピングします。内側の毛を外側へかき出すようにコーミングし、後肢の外側でラッピングします。

14 大腿部をラッピングします。⑬で毛を分けたラインをタック・アップの高さまで垂直に伸ばし、四角いブロックで毛を取ってラッピングします。お尻の毛は、一緒に包まないようにきちんと分けておきます。

13 ボディの後部をラッピングします。テイルの付け根で真っ直ぐに毛を分け、⑫の上段と同じ高さまで四角形のブロックで毛を取ってラッピングします。

18 首〜前胸を、上下2〜3段の四角形のブロックに分けてラッピングします。毛のだぶつきを防ぐため、顎のすぐ下のブロックだけは、ラッピング後のセット・ペーパーの面が横向きになるように包みます。

17 下顎をラッピングします。首の付け根で下顎の毛を真っ直ぐに分け、ラッピングします。

16 前肢をラッピングします。内側の毛を外側へかき出すようにコーミングし、前肢の外側でラッピングします。

Maltese

20 テイルをラッピングします。テイルの長さの約半分のところで毛を分け、先端側の毛をまとめてラッピングします。ラッピングした後、皮膚を毛と一緒に包んでいないかどうか確認します。

19 お尻をラッピングします。オスの場合は、⑭で分けておいた毛を1つにまとめてラッピング。メスの場合は、汚れ防止のため、左右2つに分けてラッピングします。

23 後肢の足周りをカットします。パッドより長い毛をカットし、上望して足先も整えます。ラッピングを外すと後肢の足先は見えなくなるので、写真のように短めにカットしてもかまいません。

22 前肢の足周りをカットします。上望し、丸く整えます。

21 根元側の毛をまとめ、ラッピングします。

finish

ポメラニアンの スタンダード・スタイル

ポメラニアンの特徴は、豊富な開立毛。
必要以上に被毛が抜けたり切れたりしないよう、注意深く作業を進めましょう。
あくまでも自然に仕上げるのがポイントです。

講師：草間理恵子

Pomeranian

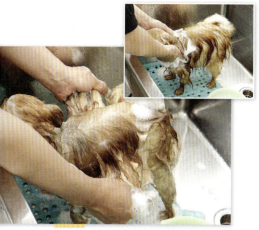  

3 ①のシャンプー液の泡を付け、下へ汚れを落とすように、上から下へ向かって体を洗います。皮膚をゴシゴシこすって毛をからめないように注意。

2 犬の体にぬるま湯のシャワーをかけて濡らします。ポメラニアンはアンダー・コートが豊富なので、根元までしっかりと濡らしましょう。

1 適量のシャンプーとぬるま湯を容器に入れ、ハンドミキサーなどで泡立てます。ハンドミキサーは、小さいものでも十分泡立ちます。

 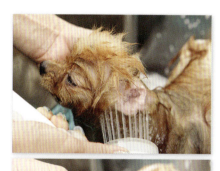 

6 全身をすすぎます。写真のように手にお湯をためると、密なアンダーコートの中までしっかりすすげます。シャワーは毛流に沿って当てます。

5 耳を洗います。立ち耳でケアがしやすいので、直接耳の中を洗ってすすいでも良いでしょう。

4 顔は最後に洗います。汚れがたまりやすい目の下などは、とくにていねいに。シャンプー液が目に入るのを防ぐため、洗い終えたらすぐにすすぎます。

9 ⑤で耳の中を洗ったので、耳に水分が残っていることがあります。綿棒で吸い取りましょう。

8 コンディショナーをすすぎ、タオルの上から毛を握るようにして水気を取ります。吸水性の高い水泳用のタオルを使うと、手早くタウエリングできます。

7 容器にぬるま湯とコンディショナーを入れて混ぜ、お腹〜テイル〜背中の順にかけていきます。毛を立たせるため、シャンプーの1/3くらいの濃度に薄めましょう。

12 胸は最も毛が深いところ。下からドライヤーの風を当てて、ボリュームを出すように乾かします。

11 まず、ウエーブが出やすい耳の周りから乾かします。ピンブラシを上下に動かしながら、毛が真っ直ぐになるようにドライングしていきます。ハンドドライヤーの場合、テーブルに固定する器具を使うと便利です。

10 ドライングの前に、静電気防止スプレーをかけておきます。毛をふんわり仕上げるため、べたつかない程度にスプレーします。

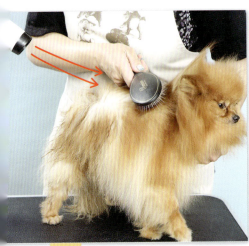

14 ドライヤーの風は、つねに犬の鼻先の方向（前方）へ向けるようにします。こうすることで、ポメラニアンらしいボリュームを保つことができます。

point
ピンブラシでは、犬の体を軽くたたくように使うのがポイント。ピンブラシは、クッション性が高いものを選びましょう

手首を返すのはNG。切れ毛や抜け毛の原因になります。

13 乾いたと思っても、濡れた毛がドライングを終えたブロックへ入り込んでしまう場合もあります。ときどき前に乾かしたところへ戻ってドライングすると、きれいに仕上がります。

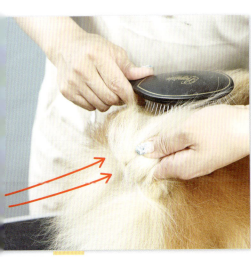

17 ポメラニアンにとって、テイルは非常に重要な部位です。毛がなるべく抜けないよう、慎重に作業します。

16 お尻を乾かすときは、前肢で立たせます。テイルは、真上に持ち上げましょう。

15 お腹は、犬を後肢で立たせて乾かします。自然に乾燥してくる部分は、水をスプレーしてから再度ドライングを行います。

Pomeranian

19 シャンプーとドライングが終わった状態。

point ポメラニアンは、毛のボリュームが非常に重要。ドライングの際は、毛があまり抜けないようにしましょう。1回のドライングで抜ける毛の量は、この程度にとどめたいところです

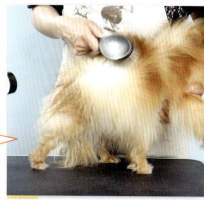

18 ドライヤーが固定されている場合は、犬の体をこまめに動かします。風がつねに鼻先の方向に向かうように注意しましょう。

22 足先をボブバサミでカットします。猫足になるように厚みを作りながら、爪の根元ぎりぎりで切っていきます。このときパッドを指で押すと、爪が出て切りやすくなります。

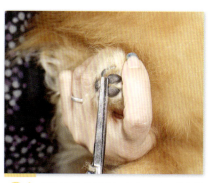

21 足裏の毛を処理します。パッドの高さに合わせて、はみ出す毛をボブバサミでカットします。切りすぎないように注意。

20 ピンブラシを上下に動かしながら、全体をブラッシングします。

25 前肢後部の飾り毛をカットします。テーブルに対して45度くらいが目安ですが、胴が長く、体高を高く見せたい場合は、角度を緩やかにします。

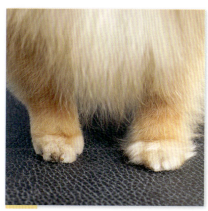

24 写真右がカット前、左がカット後。ハサミの跡が目立たないよう、少ない回数でカットするように心がけましょう。

23 前肢の手根骨より下をカットします。細目のコームで内側・外側・前側・後ろ側の毛をしっかり立てて、飛び出す毛だけを真っ直ぐカットします。

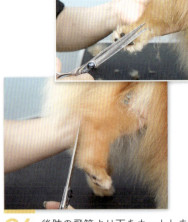

28 耳先をカットします。なるべく耳を小さく見せるよう、縁に沿って内側7ミリ、外側8ミリを目安にボブバサミでカット。前望したとき「ヘ」の字に見えるように作ります。

27 耳の周りの毛に水をスプレーして、耳の後ろ約1cmくらいから、ロングコームで犬の顔側に向かって毛を取って立てます。そのときに、耳よりも長く飛び出す毛をカットします。

26 後肢の飛節より下をカットします。前肢と同様に、細目のコームで毛を立ててから、飛び出す毛を真っ直ぐにカット。細くしすぎないよう注意します。

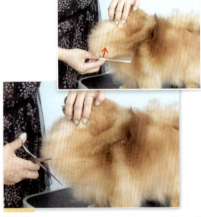

31 「コームで2cmほど毛を取って、カットした前の毛に混ぜる→飛び出す毛をカット」という㉙～㉚の作業を繰り返し、腰付近までカットしていきます。毛を均等に取ると、きれいに仕上がります。

30 ㉙のラインの延長線上にある胸の毛を、コームで取って立てます。飛び出す毛をカットして、円を作るように仕上げていきます。

29 ⑧の2cmほど後ろからロングコームで毛を取って前の毛に混ぜ、⑧でカットした部分から飛び出す毛を切ります。カットしづらいときや毛を立てにくいときは、水をスプレーしましょう。

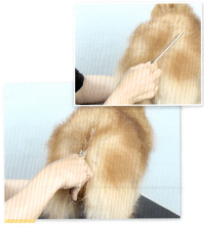

34 テイルの毛をねじり、先端をカットします。先端の毛は傷みやすいので、1cm程度を目安にカット。その後、テイルを定位置に背負わせて、側望したときに盛り上がって見える部分をカットします。

33 テイルの下（テイルを背負ったときに隠れる部分）をカットします。コーミングし、スキバサミでカット。側望しながら作業し、毛を落としすぎないように注意します。

32 下胸の毛はどうしても下に向かって落ちるので、コームで上げずに、落ちた状態のままカットします。

Pomeranian

37 脇の下に色の薄い毛がある場合は、スキバサミでカットして目立たないようにしておきましょう。

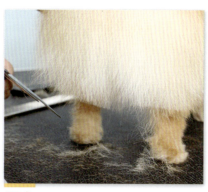

36 お尻の下の毛は、飛節の高さで真っ直ぐにカットします。

35 お尻の毛をコームダウンし、スキバサミを毛流に沿って縦に入れながらカットします。ショートバックに見せるため、胴を詰めるイメージで整えていきます。

40 スキバサミで耳の中の毛をカットします。よく見るとほかと毛質が違う部分があるので、そこだけをカット。顔の毛を切らないように注意。

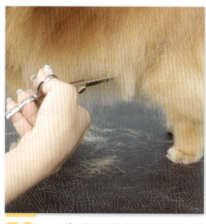

39 アンダーラインをカットします。肢が長く見える場合はあまり切らなくてもよいでしょう。逆に胴を短く見せたい場合は、やや短めにカットします。

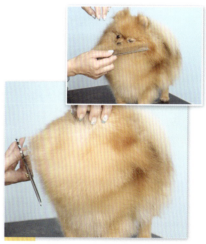

38 全体のバランスを見ながら、水のスプレー、ブラッシング・コーミングとカットを繰り返して修正していきます。ハサミの跡が付きやすいところは、スキバサミを使いましょう。

finish

41 最終的なチェックと微調整が終わったら、ボリュームアップ用のムースを手に取り、毛の根元に入れ込むように付けていきます。ブラッシングで形を整えてから、さらにスタイルをキープするスプレーをかけます。毛が切れるのを防ぐため、固まるタイプを使うのは避けましょう。

ベドリントン・テリアの
スタンダード・スタイル

頭部とボディを独特のフォルムに仕上げるのが特徴です。
ボディはやわらかな毛をチッピングして仕上げ、
肢の長さとスリムな体型を強調。
頭部は長くスクエアに整えて、テリアらしいシャープさを表現します。

講師：飯田美雪

Bedlington Terrier

before

1 0.5ミリの刃を付けたクリッパーで足裏を処理します。パッドのあいだの毛をきれいに取ります。

前回のトリミングから約1カ月。

2 テイルの表側を刈ります。付け根から1/3くらいまで毛を残すように逆剃りします。

5 肛門周りを刈ります。汚れやすい部分の毛をきれいに取り、肛門の下は左右のつむじのあいだを逆剃りします。

4 テイルの裏側を刈ります。裏側には毛を残さず、付け根まで逆剃りします。

3 テイルのサイドを刈ります。②と同じ高さまで毛を残すように逆剃りします。

8 耳の表側を刈ります。タッセルとして三角形に残す部分を決め、クリッパーの角を使って軽くライン付けします。

7 腹部を刈ります。犬を後肢で立たせ、へそより下を逆剃りします。内股の毛も軽く刈ります。

6 ⑤につなげるように、内股を逆剃りします。

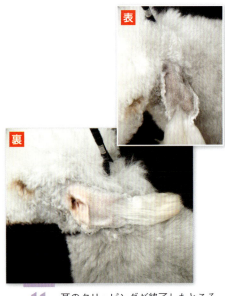

11 耳のクリッピングが終了したところ。縁（先端部分）は後で処理します。

10 耳の裏を刈ります。⑧と同じ位置に並剃りでライン付けして、それより上を逆剃りします。

9 ⑧のラインより上を、耳の付け根まで逆剃りします。

14 下顎を逆剃りします。

13 下唇のリップ・ラインに沿って逆剃りし、汚れやすい部分の毛を取ります。

12 顔を刈ります。耳の前側の付け根〜目尻より1cm外側〜口角を結ぶラインを想定し、それより下を逆剃りします。

17 ネック・ラインを刈ります。胸骨端の少し上〜耳の前側の付け根をU字形に結ぶように逆剃りします。

16 鼻鏡の下の汚れやすい毛を逆剃りします。

15 ⑬でクリッピングしたラインにかぶさる上唇の毛を軽く刈り、リップ・ラインをはっきり出します。

90

Bedlington Terrier

20 ⑲から、足の外側と内側へつなげていきます。足は丸く小さく作ります。

19 後肢の足周りを整えます。肢を下ろしてコームダウンし、足の前側を爪がぎりぎり隠れる長さでカットします。

18 四肢の足周りをカットします。肢を持ち上げてコームダウンし、パッドより長く飛び出す毛をカットします。

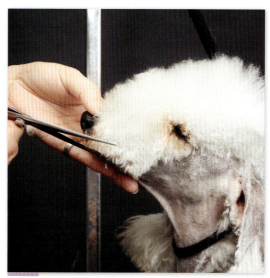

23 ㉒から続けて、⑫のクリッピング・ラインにハサミを入れ直すようにカットします。

22 顔をカットします。顔の毛をコームダウンし、⑬のクリッピング・ラインにハサミを入れ直すようにカットします。

21 前肢の足周りを、⑲〜⑳と同様にカットします。

point 頭はできるだけ細長く作ります。スカルの幅ぎりぎりまでカットし、その面に合わせて頬〜マズルを整えます

25 目の上の毛を持ち上げて押さえ、目の下から目にかかる毛をカットします。

24 側頭部をカットします。スカルの幅で、平らな面を作るようにカットします。

28 耳の付け根の周りをカットし、頭と耳を自然につなげます。

27 マズルの先から㉖で決めたポイントの手前まで、徐々に毛を長く残すようにカット。平らな面を作るようにカットし、側面との角を取ります。

26 マズル〜頭部のラインを作ります。側望したときに、耳の付け根の幅の真ん中のポイントで頭が最も高くなるようにします。

31 首から肩へ徐々に広げていき、肩の幅で、前肢の付け根まで真っ直ぐにつなげます。

30 首〜肩をカットします。㉘から自然につなげて首を細く整えます。

29 ⑰のクリッピング・ラインにハサミを入れ直します。

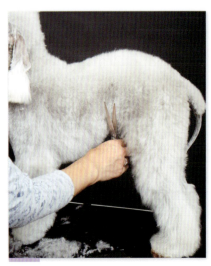

34 ボディのアンダーラインをカットします。タック・アップは、皮膚ぎりぎりまで短くします。刃先を上へ向けて外側へ開くように当て、下は短く、上はやや長めに毛を残します。

33 サイドボディをカットします。㉛からウエストまで、平らな面を作るように短くカットします。

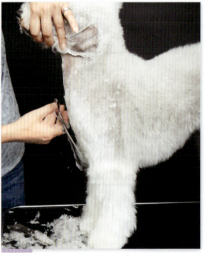

32 前胸をカットします。前肢の付け根の高さまで平らな面を作るように整え、㉛との角を取ります。

Bedlington Terrier

37 前肢を片方ずつ持ち上げて内側を真っ直ぐにカットし、前後の面との角を取ります。

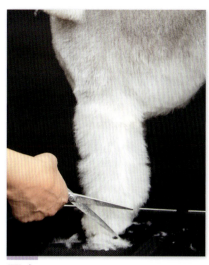

36 前肢をカットします。前肢の外側・前側・後ろ側を真っ直ぐにカットし、それぞれ角を取ります。

35 胸からタック・アップへ向けて、巻き上げるようにアンダーラインをカットします。

40 後肢の外側をカットします。大腿部から真っ直ぐ下ろすようにカットして平らな面を作り、㊴との角を取ります。

39 後肢の後ろ側をカットします。㊳から続けて飛節までカットします。

38 お尻をカットします。⑤でクリッピングした部分より上側を短くカットし、平らな面を作るように整えます。

43 タック・アップ〜大腿部をつなげます。㉞でカットした部分から徐々に毛を長く残しながら、自然に整えます。

42 肢の前側からもハサミを入れ、内側の切り残した毛をカット。内側と㊴との角を取ります。

41 後肢の内側をカットします。⑥のクリッピング・ラインから真っ直ぐ下ろすようにカットし、平らな面を作ります。

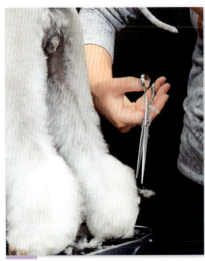

46 飛節より下をカットします。犬を正しく立たせ、テーブルに対して垂直にカットします。

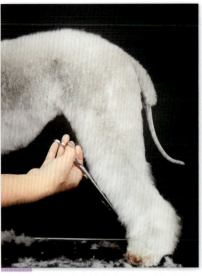

45 軽く角度を付けて、膝〜足先を結ぶようにカット。さらに後肢の前側と外側・内側の面との角を取ります。

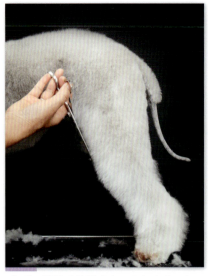

44 後肢の前側をカットします。タック・アップ〜膝を結ぶようにカットします。

49 ㊽から続けて、寛骨の上をカットします。背線のアーチにつなげるため、徐々に毛を長く残すようにした後、大腿部の面との角を取ります。

48 テイルの表側をカットします。②のクリッピング・ラインからテイルの付け根へ向けて、徐々に毛を長く残すようにします。

47 テイルのサイドをカットします。③のクリッピング・ラインからできるだけ短くカットし、細いテイルを作ります。

52 ㊾から㋑へ緩やかにつなげます。平らな面を作るようにカットした後、サイドボディとの角を取ります。

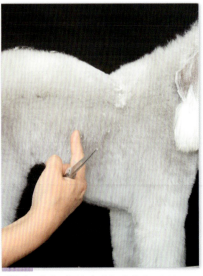

51 背線が最も高くなるポイントは、へその位置あたりに設定します。

50 背線が最も低くなるポイントを肘の延長線上あたりに設定し、その部分を短くカットします。

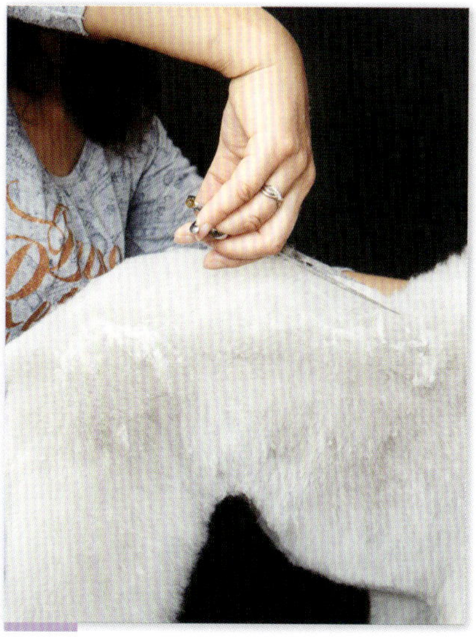

53 (51)～(50)を緩やかにつなげます。平らな面を作るようにカットした後、サイドボディとの角を取ります。

54 首の後ろをカットします。後頭部の下～(50)を緩やかにつなげます。

55 キ甲の周辺を整えます。背線のアーチを乱さないよう、ハサミは横（背線に対して垂直）に当てます。

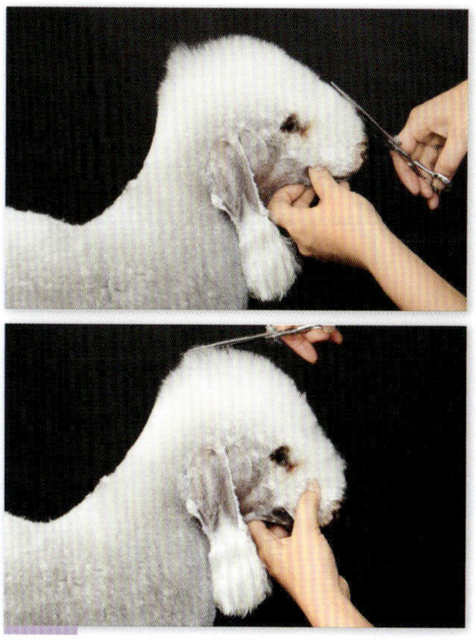

56 頭部を仕上げます。マズルから頭部のアーチの頂点まで整え、後頭部～(54)へ自然につなげます。

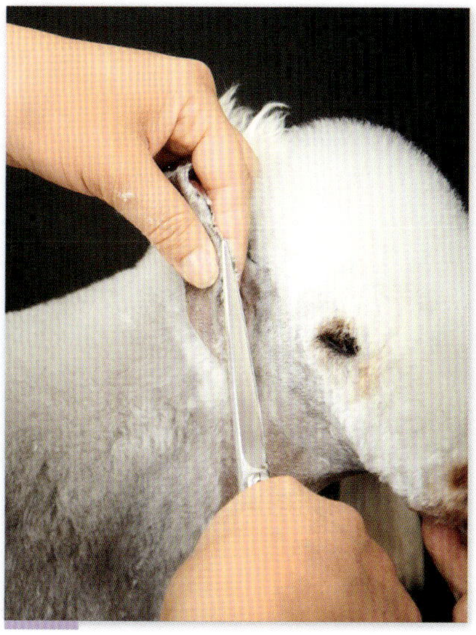

57 耳を仕上げます。縁に残った毛を、できるだけ短くカットします。

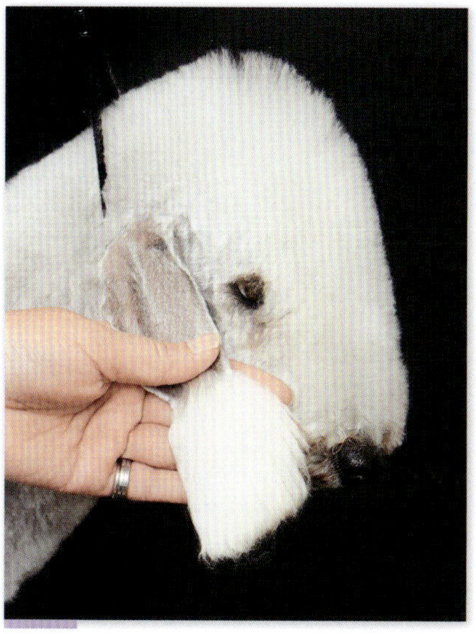

58 タッセルの長さは、耳を前へ出したときに毛先が鼻より先に出ないのが基本です（側望時）。

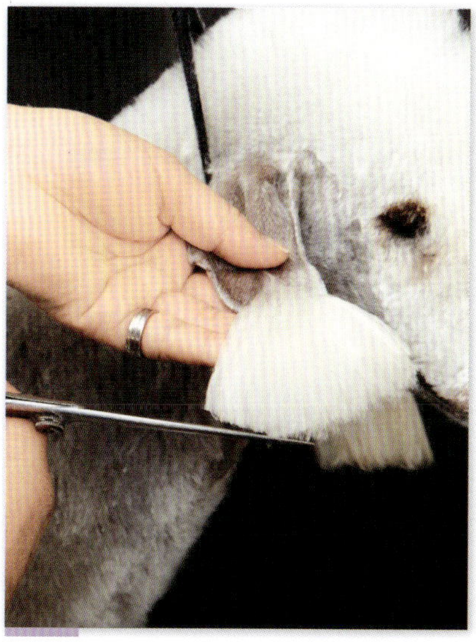

59 タッセルの裾を、やや丸みを付けて整えます。

ビション・フリーゼの
スタンダード・スタイル

ビションを丸く美しく仕上げるコツは、こまめなコーミング。
ネック・ラインやボールのような頭部、太く真っ直ぐな肢など、
犬種ならではのポイントを押さえましょう。

講師：宮脇英美子

Bichon Frize

2 肛門周りを処理します。汚れやすい部分の毛をボブバサミでカットします。

1 1ミリの刃を付けたクリッパーで足裏を処理します。パッドのあいだの毛をきれいに取ります。

before

前回のトリミングから約1.5カ月。

5 肢を下ろしてから毛を下ろすようにコーミングし、足の前側を、爪を隠すぎりぎりの長さで真っ直ぐにカット。

4 パッドの周りの、パッドより長い毛をカットします。

3 後肢を持ち上げて毛を下ろすようにコーミングし、パッドの後ろ側をパッドの高さぎりぎりで真っ直ぐにカットします。

point
ビションのカットはコーミングが命。作業中はこまめにコーミングをしましょう。コームを根元から一定方向に入れ、しっかりと立毛させます

7 背線をカットします。カットする前に、必ず毛を起こすようにコーミングします。

6 ⑤から続けて、テーブルに着く足周りの毛をぐるりとカットします。先細にならないように注意しましょう。

9 ⑧のポイント〜テイルの付け根まで、平らな背線を作るようにカットします。

8 キ甲に手を当て、「キ甲より手の幅1つ分後ろ」のポイントを確認します。

12 お尻の後ろ側を、平らな面を作るようにカットします。

11 お尻をカットします。お尻の膨らみに指を当てて下へ滑らせ、指が最も深く沈むポイントを確認しておきます。

10 テイルのサイドをカットします。背線を延長するように、角度を付けずにカット。

15 後肢の内側をカットします。後望し、付け根から足先まで真っ直ぐにカットします。

14 背線〜お尻の後ろ側〜⑬のラインの角を取り、自然な丸みを付けます。

13 ⑫から⑪のポイントへ、自然につなげます。

Bichon Frize

18 ⑪のポイント〜膝のあたりへ向けて、自然な角度でカットします。

17 お尻の後ろ側と大腿部の角を軽く取ります。

16 後肢の外側をカットします。大腿部から足先まで、真っ直ぐにカットします。

21 肢の太さを確認しながら、後肢の後ろ側と外側、内側の角を取ります。

point
ここの部分に毛を残しすぎると、歩いたときに肢がクロスするように見えてしまうことがあります。反対に毛を取りすぎると、後肢の引きが悪く見えることもあるので注意しましょう。

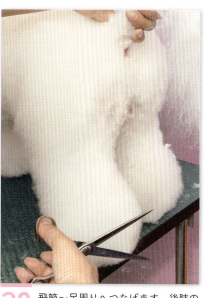

20 飛節〜足周りへつなげます。後肢のアンギュレーションは強調せず、肢の自然な形を生かします。

19 ⑱〜飛節を自然に結ぶようにカットします。

23 ㉒で作ったタック・アップより前をボディ、後ろは後肢と考えます。ボディのアンダーラインを、テーブルに対して平行にカットします。

ラスト・リブ
タック・アップ

22 タック・アップの位置を決めます。ラスト・リブより指の幅1本分後ろに作るイメージで、コーミング後に指で軽く押して目印を付けます。

25 後肢の前側をカットします。㉒で決めたタック・アップのあたりを、軽くえぐるようにカットします。

> **point**
> サイドボディは、上望したとき樽のように外側へ丸く張り出すイメージでカットしましょう

24 ㉓から続けてサイドボディをカットします。真っ直ぐな背線とアンダーラインのあいだをアーチ状につなげます。

27 前肢の足周りをカットします。肢を持ち上げて毛を下ろすようにコーミングし、パッドの後ろ側を、パッドに軽くかぶさる長さの毛を残してカット。

> **point**
> ビションのイマジナリー・ラインは、ネックの後ろ〜後肢の前側が一直線につながるのが理想。㉖の作業は、ネックとのつながりも考えながら進めましょう
>
>

26 ㉕〜足先を真っ直ぐ結ぶようにカットします。

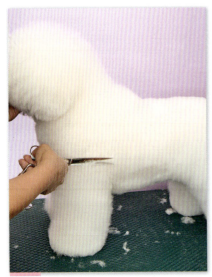

30 前躯のサイドをカットします。前望し、サイドボディの幅に合わせて真っ直ぐにカットします。

29 肢を下ろして毛を下ろすようにコーミングし、足周りを丸く整えます。

28 パッドの周りの、パッドより長い毛をカットします。

Bichon Frize

31 ㉚から続けて、前肢の外側を真っ直ぐにカットします。

32 前胸をカットします。アダムス・アップル～胸骨端を真っ直ぐに結ぶようにカットします。

33 ㉜でカットした面～肩を自然につなげます。

34 胸骨端より下は、自然な胸の丸さに合わせてやや内側へ入れるようにカットします。

35 前肢の前側をカットします。胸から自然につなげ、付け根から足先まで真っ直ぐカットします。

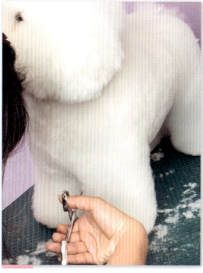

36 前肢の内側をカットします。付け根から足先まで真っ直ぐにカット。

37 前肢の前側と、外側、内側の角を取ります。

38 前肢の後ろ側を真っ直ぐにカットし、外側、内側との角を取ります。

39 ネック・ラインをカットします。スタイルのポイントとなる部分なので、ネック～ボディ～後肢をていねいにコーミングしてバランスを確認します。

42 サイドネック〜ボディを自然につなげます。

41 前望し、サイドネックをボディと同じ幅に整えます。耳の後ろ側の付け根より後ろを首、それより前を頭と考えます。

40 ネック・ライン〜タック・アップ〜後肢の爪先（㉖でカットしたライン）を一直線につなげるようにカットしていきます。

> **point**
> アイライン（HALO）は、審査の際に重視されるポイントのひとつ。色素が濃いほうが良いとされるので、周りからかぶさる毛を取り、黒さをしっかり見せるようにします

44 とくに目頭の毛は、切り残しがないように根元からしっかりカットします。

43 顔をカットします。アイラインにかぶさる目の周りの毛をカットします。

46 ㊹〜目尻より1cm外側をつなげるようにカットします。

45 目の上の毛をカットします。ストップにハサミを乗せ、上からかぶさる毛を真っ直ぐにカットします。

Bichon Frize

48 側望し、輪郭を整えます。アダムス・アップル〜耳の後ろ側の付け根を丸く結ぶようにカットします。

47 目の上の丸みを整えます。前望したとき、「帽子を目深にかぶったような表情」をイメージしてカットします。

51 鼻鏡の下のみリップ・ラインに沿ってカットします。鼻鏡とリップ・ラインも、周りからかぶさっている毛を取って黒さを強調します。

50 鼻鏡にかかるマズルの毛をカットします。

49 頭部を丸く整えます。どの角度から見ても丸く見えるように、ボール状にカットします。

54 出てきた長い毛をカットします。

53 顔を仕上げます。下から上へかき上げるようにコームを入れ、根元から毛を起こします。

52 頭部の形、大きさとのバランスを見ながら、下顎の毛をカットします。

56 頭頂部〜後頭部の丸みを整えます。

> **point**
> 犬が耳を動かすと毛が出てくるので、コーミングしながら名前を呼ぶなどして耳を動かさせてみてもOK。ていねいにコーミングとカットを繰り返しましょう

55 鼻鏡から後ろへ向けてコーミングし、出てきた長い毛をカットします。

59 テイルを自然に背負わせ、長すぎる場合は毛先を軽く整えます。

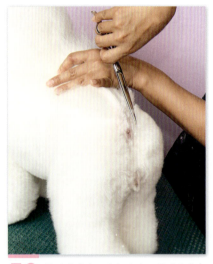

58 テイルをカットします。テイルを上げ、付け根の裏側の部分だけ短くカットすると、尾付きを良く見せることができます。

57 全身にコームを入れ直し、バランスを見ながら切り口の角を取ります。

finish

A・コッカー・スパニエルの
スタンダード・スタイル

コッカーのトリミングでは、犬種本来の「自然味」を表現することが重要。背線は真っ直ぐが良いとされますが、同時にスポーティング・ドッグ(猟犬)として、藪の中で皮膚を守れるだけのコートは残しておく必要があります。

講師:松崎雅人

1 頭部からクリッピングを始めます。2ミリ刃のクリッパーで、目尻〜耳の前側の付け根までを並剃りします。

before

前回のトリミングから約1.5カ月。

4 耳を刈ります。小葉（耳の後ろ側の、皮膚が二重になっている部分）の下端を左手でつまみます。

3 ②の位置を並剃りし、幅2cmほどの溝を作ります。クリッパーの刃を浅く入れ、深く掘り込んで上へ抜きます。

2 オクシパットに溝を作ります。オクシパットの下に指を当て、位置を確認。この溝には、頭部と首の境界をはっきりさせる効果があります。

point
耳の前側の縁は、刈り始めの位置を慎重に決めます。高すぎると飾り毛が不自然に膨らみ、自然につながりません

6 耳の前縁を刈ります。耳のカーブが終わる位置〜耳の付け根までの縁を逆剃りします。

5 2ミリ刃のクリッパーで、小葉〜耳の付け根の縁を逆剃りします。

Cocker Spaniel

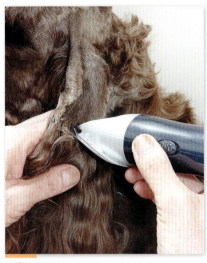

9 耳を広げ、⑦の刈り始めを中央がやや低くなる1本の曲線になるように整えます。

8 耳の付け根は、目の下のラインより低い位置に付いているのが理想。クリッパーの刃を上に逃がすように毛を刈ると、ラインが残らず自然に見えます。

7 2ミリ刃のクリッパーで耳の表側を刈ります。⑤、⑥の刈り始めを自然な曲線で結び（頭頂部〜耳の飾り毛の先端の1/2程度）、それより上を逆剃りします。

11 ボディ前部を刈ります。胸骨端より1〜2cm上から下顎の先まで、クリッパーの幅で逆剃りします。下顎は皮膚がたるんでいるので、左手で皮膚を伸ばしながらクリッピング。

10 耳の裏側を刈ります。表側と同じ高さまで逆剃りして、耳孔の周りもきれいに毛を取ります。

13 顔を刈ります。ストップ〜鼻まで（鼻梁）を逆剃りします。

12 ⑪の刈り始めより少し低い位置から、⑪の両サイドをそれぞれクリッパーの幅で逆剃りします。⑪で刈った中央のやや高い部分で胸、⑫で刈ったその両側で肩端を表現します。

16 リップを並剃りします。クリッパーを軽く当て、前から後ろへクリッピングします。

> **point**
> A・コッカーは厚いマズルが理想なので、毛を多めに残すようにクリッピング。スカルよりマズルの幅が狭い場合はクリッパーを軽く浮かせて当て、長く飛び出す毛だけを取るようにします

15 ストップを逆V字形に彫り込みます。マズルが長い犬の場合は、真っ直ぐなままにしておきます。

14 マズルが長く見えないよう、鼻の下を逆剃りします。

18 上唇の縁を刈ります。下唇と同様に、後ろから前へ逆剃りします。これで、側望したときにリップのシルエットがはっきり出るようになります

17 下唇の縁を刈ります。1ミリ刃のクリッパーで、後ろから前へ逆剃りします。

21 唇をつまんでいた指を離すと、⑳の刈り終わりとリップの並剃りした境に段差ができます。

20 頬を口角まで逆剃りします。

19 2ミリ刃のクリッパーで頬を刈ります。口角の部分で上下の唇を一緒につまみ、軽く前へ引いて皮膚を伸ばします。

Cocker Spaniel

24 ネックを刈ります。耳の後ろ側の付け根〜肩端を、クリッパーの前1/3を使って並剃りします。前側は短く、後ろへ行くほど毛が長く残ります。

23 目頭の下（涙がたまりやすい部分）を逆剃りします。

22 段差の部分を上から下へ流すようにクリッピングし、⑰、⑳の刈り終わりを自然になじませます。

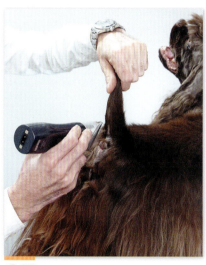

27 肛門周りを刈ります。肛門を中心に、外側へ向けてクリッピングし、汚れやすい部分の毛を取ります。

26 テイルを刈ります。テイルの裏側を付け根〜先端へ並剃りします。

25 ㉔と⑫をつなげます。㉔より前を並剃りします。

30 毛の根元から毛先へ向けてハサミを横（通常カットするときの向き）に当て、頭部の丸みをイメージしながら刃の全体を使って整えます。

29 毛先から根元へ向けてスキバサミを縦に入れ、ボリュームを調節します。

28 頭部をブレンドします。頭部の毛をスリッカーで前から後ろへ整えてから、カットを開始します。

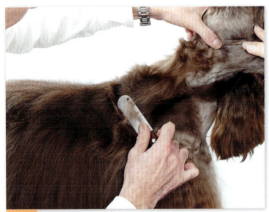
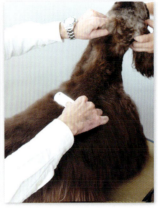

32 ボディのトップラインを整えます。粗目のナイフで、オクシパット〜テイルの付け根までの背線とその両サイドのアンダー・コートを取ります。週に一度を目安に作業することで、張りのある美しいトップ・コートを育てることができます。

31 クリッパーの跡が気になる部分は、刃先を使ってぼかします。

point
トップラインは、お尻がやや下がる真っ直ぐなラインが理想。毛の長短は意識せず、毛量を調節して、トップラインを真っ直ぐに整えることを優先します

34 毛の根元から毛先へ向けてハサミを横（通常カットするときの向き）に当て、ネック〜キ甲〜背線のつながりを整えます。

33 ネック〜キ甲〜背線をつなげます。毛先から根元へ向けてスキバサミを縦に当て、ボリュームを調節します。

point
A・コッカーは、側望したときにキ甲と肘が一直線上にあるのが理想。キ甲が前にある（肩甲骨が起きている）場合も理想的な角度をイメージし、イメージした肩の場所までブレンディングします

36 後望し、肩の張り出しを確認します。写真の向かって左側のように、なだらかなラインでつなげるようにします。

35 首〜肩をブレンドします。㉔のクリッピング・ラインをスキバサミでぼかし、肩が外側に張り出さないように整えます。

Cocker Spaniel

point
飾り毛をどこまで残すかは「側望したときの高さ」ではなく、「後望したときの幅」を基準に考えます。㊲〜㊳のようにカットすると、最終的には、肋骨の最も張り出した高さより下に飾り毛が残ります

38 後躯は、腰の幅が肩や肋骨とほぼ同じになるようにボリュームを調節します。

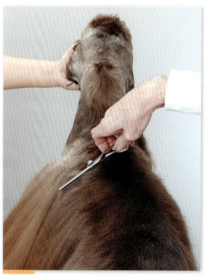

37 ボディを整えます。後望し、膨らみのある部分はすいて整え、くせで外に飛び出す毛はカットします。

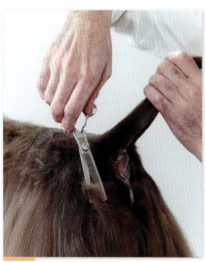

40 テイルの裏側や肛門周りを整えます。

point
尾付きが低い場合はボディの毛を多めにすき、テイルの付け根の毛を長めに残すようにすると、背線の延長で真っ直ぐにつながります

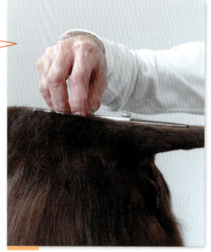

39 テイルをカットします。テイルを背線と同じ高さに上げ、背線〜テイルを真っ直ぐにつなげます。寛骨の突起の少し後ろあたりから、自然につなげていきます。

43 ㊷から座骨端までを、寛骨の形をイメージしながら短くカットします。㊷〜㊸の作業で、尾付きの位置が前に見えます。

42 テイルの付け根の両サイドはボディ側まで深めに切り込み、寛骨の形を表現します。

41 側望し、体長と体高を確認します。「体長が体高よりわずかに長い」バランスに見えるよう、お尻周りの毛の取り残しがないかを確認します。

46 外周を切る際、前肢の後ろ側はパスターンの角度が出るよう前側より高い位置まで切り上げます。

> **point**
> 足周りをカットする際のポイントは、以下の3点。
> ①犬が正しい姿勢で立った状態でカットすること
> ②コーミングでこまめに毛流を整えること
> ③外周をカットする際、ハサミをテーブルに対して垂直に当てること

45 前肢の足周りをカットします。犬を正しく立たせ、ハサミをテーブルに対して垂直に当てて足周りの外周をカット。

44 四肢の足裏を処理します。十分にコーミングして肢を1本ずつ持ち上げ、パッドより長い毛を仕上げバサミでカットします。パッドのあいだの毛は切らずに残します。

48 ハサミの刃先側と刃元側にできる角を落としながら、パッドの内側、外側、後ろ側へつなげていきます。

47 パッドの周りを整えます。パッドの前側を、爪がぎりぎり隠れるところでカット。ハサミはテーブルに対して垂直に当てます。

51 パッドの周りは、㊽〜㊾と同様にカットします。

50 後肢の足周りの外周を、㊺と同様にカットします。後ろ側は、実際の飛節より低い位置まで切り上げます。

49 ㊼〜㊽でカットしたパッドの外周と㊺の外周のあいだの毛が、面でつながるようにそろえます。

Cocker Spaniel

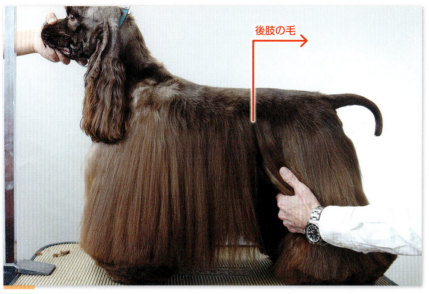

53 ボディのアンダーラインをカットします。ラスト・リブより後ろは「後肢の毛」と考えます。

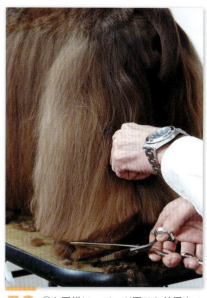

52 ㊾と同様に、パッド周りと外周をつなげます。

55 ラスト・リブ〜後肢の外周の前側をつなげるようにカットします。

point
毛量が少ないと飾り毛を長く残しがちですが、短めにカットして毛先をそろえたほうが毛の密度が増し、毛量が豊かに見えます

54 ㊻のパスターンの切り上げ〜ラスト・リブをつなげるようにカットします。

finish

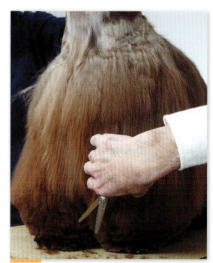

56 ボディの前部を整えます。胸から刃先を下に向けてスキバサミを当て、毛先をカットしてボリュームを調節します。

E・スプリンガー・スパニエルの
スタンダード・スタイル

足周り以外はスキバサミを使い、毛の流れを生かしてナチュラルに。
四肢などの飾り毛は残しますが、ボディはナイフでアンダー・コートを取り、
皮膚に張り付くようなコートに仕上げます。

講師：露木 浩

Springer Spaniel

before

2 前肢のみ、肢の後ろ側をパッドの縁から1〜1.5cm逆剃りします。握りを厚く、コンパクトに見せる効果があります。

1 約2ミリの刃を付けたクリッパーで足裏を処理します。パッドのあいだの毛をきれいに取ります。

前回のトリミングから約2週間。

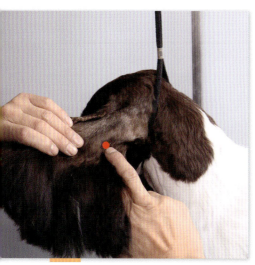
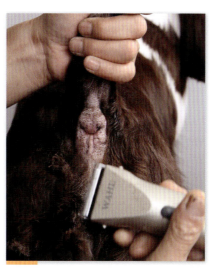

5 耳の表側を刈ります。クリッピングする範囲の目安は、小葉（耳の後ろ側のひだ）の高さまで。

4 肛門周りの汚れやすい部分の毛をきれいに取ります。

3 テイルの裏側を並剃りします。

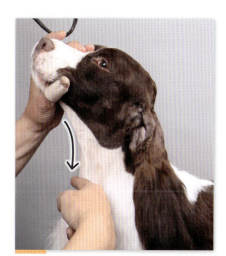

8 犬のマズルを持って顔を上げ、ネック・ラインを刈ります。のどぼとけに当てた指をのどに沿って下ろしていき、軽くへこんでいるところがネック・ラインの頂点になります。

7 耳の裏側を刈ります。小葉の高さから逆剃りし、耳孔の周りも逆剃りできれいに毛を取ります。

6 耳の付け根から⑤の高さまで並剃りします。初心者は、耳の裏側を先に刈ってもいいでしょう。

11 目尻～耳の付け根を真っ直ぐに結ぶように並剃りします。

10 ⑧の頂点と、左右の耳の後ろのリッジ（ネックとボディの毛流がぶつかるところ）を大きなU字形で結ぶように並剃りします。

9 のどぼとけ～⑧で決めた頂点まで、真っ直ぐに並剃りします。

14 マズルも軽く並剃りします。リップの厚みを強調するために、鼻鏡の下はとくにていねいに毛を取ります。逆剃りはしないよう注意。

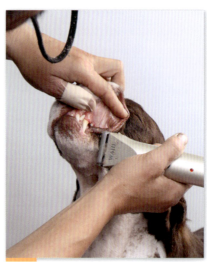

13 下唇の縁を並剃りし、下顎も並剃りします。

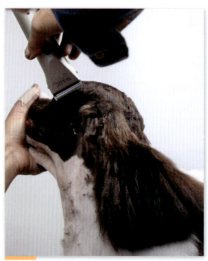

12 ⑪のクリッピング・ラインより上を軽くブレンドしてなじませます。スキバサミでブレンディングしてもOK。

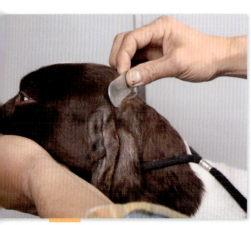

17 頭部からレーキングをしていきます。粗目→細目の順にナイフを使い、アンダー・コートを取ります。後頭部は、しっかり「段」を付けることを意識しながら毛を取ります。

16 獣毛ブラシで全身をブラッシングし、毛流を整えます。

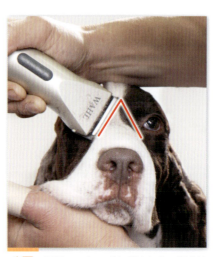

15 目頭～ストップを刈ります。軽く並剃りした後、ストップから左右の目頭のあいだへ向けて逆V字形のラインを入れるつもりで逆剃りします。

Springer Spaniel

20 後肢の後ろ側は、飛節より下を軽くレーキングします。

19 大腿部の筋肉までを目安に、後躯をレーキングします。まず大腿部へ向けて作業を進めていきます。

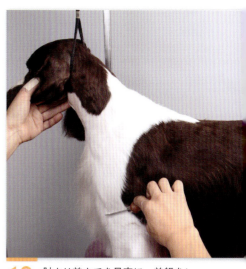

18 肘より前までを目安に、前躯をレーキングします。首の側面〜肩と、肩の前側のアンダー・コートを取ります。

22 トップ・ラインをレーキングします。後頭部からキ甲へなだらかにつなげ、そのまま水平にテイルへつながるように背線を整えます。

21 中躯をレーキングします。肋骨が最も張り出している高さにナイフを当て、それより下の飾り毛となじませるようにします。

25 足を下ろし、足の形に沿ってハサミで丸くカットします。

24 後肢の足周りをカットします。肢を1本ずつ持ち上げ、パッドより長い毛をハサミでカットします。

23 テイルをレーキングします。③のクリッピング・ラインをなじませ、ボディへ自然につなげます。

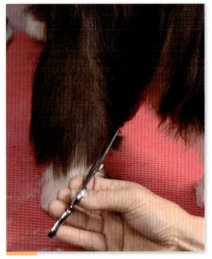

28 スキバサミで後肢の内側をカットします。飛節より長い飾り毛をカットします。

27 スキバサミで足先をできるだけ短く詰め、握りを軽くブレンドします。

26 飛節より下を、テーブルに対して垂直にスキバサミでカットします。

31 タック・アップ〜㉚で決めたポイントを結ぶようにカットし、ポイントより下の飾り毛はテーブルに対して平行に整えます。

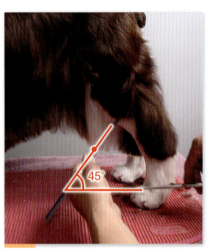

30 スキバサミで後肢の前側をカットします。後肢前側は、膝とテーブルを45度で結ぶラインとぶつかるポイントで飾り毛が最も長くなるように整えます。

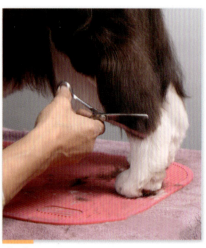

29 スキバサミで後肢の後ろ側〜外側をカットします。飛節を軽く覆う程度の長さを残して飾り毛を整えます。

34 ハサミで足先をできるだけ短く詰め、爪を見せます。

33 前肢の足周りをカットします。ハサミで㉔〜㉕と同様に整えます。

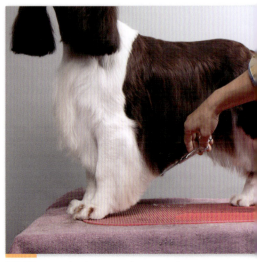

32 スキバサミでアンダーラインをカットします。タック・アップ〜②のクリッピング・ラインをつなげるように整えます。

Springer Spaniel

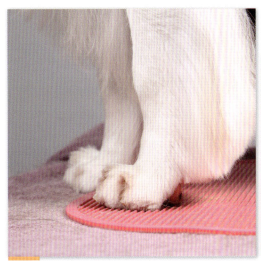

36 スキバサミで前肢後ろ側の飾り毛をカットし、前肢の後ろ側〜アンダーラインをつなげ直します。

35 前肢の指の付け根の後ろ〜②のクリッピング・ラインを結ぶように足周りの毛をカットし、掌球（足の後ろ側の大きなパッド）を見せるように整えます。

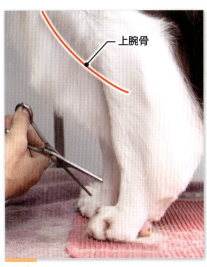

上腕骨

39 サイドネックのクリッピング・ラインを、ナイフでブレンドします。

38 スキバサミでエプロンを整えます。胸の飾り毛の下側のラインを、上腕骨の角度に合わせてカットします。

37 スキバサミで前肢の握りを整えます。指の第一関節までは短く詰め、それより上は自然にブレンドして丸みのある厚い足を作ります。

42 テイルの付け根の両サイドを、寛骨の角度でカットします。

41 テイルの裏側のクリッピング・ラインを、スキバサミでブレンドします。

40 ネック〜サイドボディの毛色が変わる部分の縁をスキバサミでていねいにカットし、マーキングをはっきり見せます。

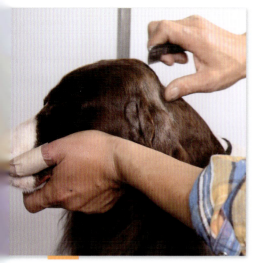

45 頭部のクリッピング・ラインをナイフでブレンドし、シルエットを整えます。

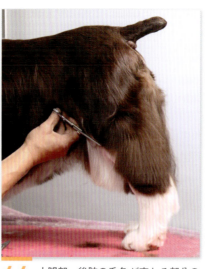

44 大腿部〜後肢の毛色が変わる部分の縁をスキバサミでていねいにカットし、マーキングをはっきり見せます。

43 大腿部〜後肢をナイフでブレンドし、シルエットを整えます。

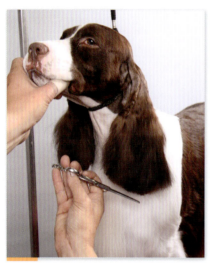

48 耳の前側は、上腕骨の角度に合わせるように丸く切り上げます。

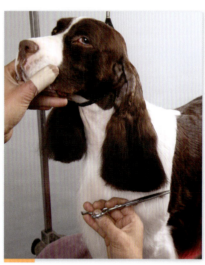

47 スキバサミで耳の飾り毛をカットします。胸骨端より長い毛をカットし、長さをそろえます。

46 耳の付け根の上はナイフとスキバサミですっきりとブレンドし、耳付きが低く見えるようにします。

finish

プラッキング犬種

Miniature Schnauzer

Airedale Terrier

Norwich Terrier

M・シュナウザーの
スタンダード・スタイル

シュナウザーは被毛を引き抜き、それを伸ばしながらスタイルを作っていきます。
第6ステージまでの作業(ストリッピング／プラッキング／レーキング)を終えて
コートを仕上げたら、週に1回程度アンダー・コートを処理。
ショー直前にクリッピングとカットを行います。

講師：小林敏夫、花形民子

Miniature Schnauzer

シュナウザーのプラッキング
サイクルの基本

M・シュナウザーの被毛の特性を保つためには、プラッキングが必要です。新しい毛を育てるために数回（今回は6回）に分けて毛を抜き、毛の成長に合わせてケアしながらスタイルをキープします。

ショー出陳期（11週間）

◎グルーミング期と同様のケアを続ける。

◎アンダー・コートは凹凸をなくし、フラットに整えておく。

◎アウター・コートにうねりが見られるようになるので、必要に応じて処理する。

◎グルーミング期と同様に、コートの処理を定期的に行い維持。スタンダードに沿った骨格表現を作り込む。

1サイクル＝26週
ショーの時期に合わせて、1年に2サイクル行う

グルーミング期（9週間）

◎初回のストリッピングから約2カ月でアウター・コートは約1cmの長さになり、皮膚に密着する。

◎アンダー・コートを処理する。取りすぎるとアウター・コートが浮き上がる原因になるので注意！

◎手のひらで被毛の表面を軽く払い、浮いてきたアウター・コートやデス・コート（死毛）を処理する。

◎必要に応じてコートの厚さとラインの微調整を行う。

◎皮膚に密着したコートを維持し続ける（ローリング）。

ステージング期（6週間）

第1ステージ
●各ステージの間隔は7～10日間

第2ステージ
ストリッピング後、約1週間でアンダー・コートが現れ始める

第3ステージ
●抜き損じたコートを取りのぞき、生えてきたアンダー・コートを処理する
●アンダー・コートを処理するのは、アウター・コート（表面に見えていなくても皮膚の下で成長中）に栄養や酸素を多く与えるため

第4ステージ
第1ステージから4～5週間でアウター・コートが現れ始める

第5ステージ

第6ステージ

各ステージのストリッピング

[第1ステージ]

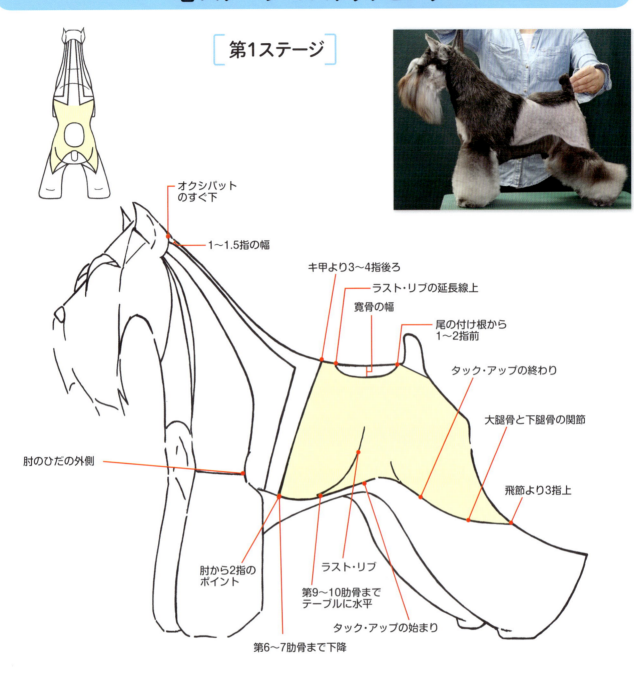

- オクシパットのすぐ下
- 1～1.5指の幅
- キ甲より3～4指後ろ
- ラスト・リブの延長線上
- 寛骨の幅
- 尾の付け根から1～2指前
- タック・アップの終わり
- 大腿骨と下腿骨の関節
- 飛節より3指上
- 肘のひだの外側
- 肘から2指のポイント
- ラスト・リブ
- 第9～10肋骨までテーブルに水平
- タック・アップの始まり
- 第6～7肋骨まで下降

[ストリッピングでのナイフの使い方]

3 ナイフの刃を起こしながら手前へ引きます。

2 親指の腹とナイフで抜きたい毛をしっかり挟み、刃を奥へ倒します。

1 左手で皮膚を張り、ナイフを立てて毛の根元に当てます。

Miniature Schnauzer

[第2ステージ]

1. 第1ステージで抜いたラインを0.5〜1cmくらいの幅で抜き始め、後方へ向けてやや広がるラインで左右対称に抜きます。
2. キ甲と、イマジナリー・ライン上の「肘から1指のポイント」を真っ直ぐに結んだラインを確認し、そこより後ろを抜きます。
3. ①と②のラインが交わる部分には、はっきりと角を作ります。
4. ③と背骨に対して対称の位置に反対側の角を設定し、肘より1指後ろまで真っ直ぐに抜きます。
5. イマジナリー・ライン上の、肘より1指後ろ〜肘から2指のポイント（第1ステージで毛を抜いたポイント）をつなげるように抜きます。
6. 十字部に残した毛とテイルの毛をすべて抜きます。

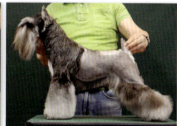
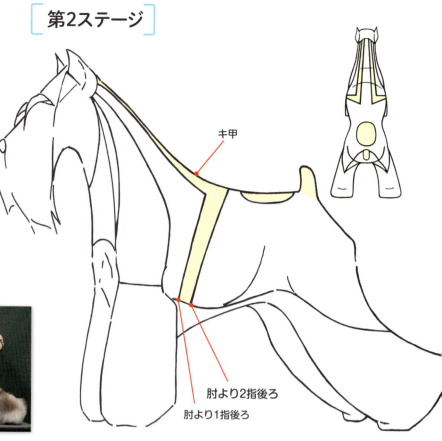

[第3ステージ]

1. 第2ステージで抜いたラインを、オクシパッド下から0.5〜1cmくらいの幅で抜きます。反対側は背骨に対して対称に抜きます。
2. 肘のポイントをテーブルに対して垂直に延長し、①と交わるラインを確認。これより後ろの毛を抜きます。
3. 肘を抜くときは、②のライン上で上腕にかかる部分も抜きます。
4. ①と②のラインの交点にはしっかり角を作り、⑥で作った角が左右対称であることも確認。
5. ④の角を、肩甲骨の背縁と同じ角度で真っ直ぐに取ります。
6. さらに⑤でできた2つの角を取り、⑤〜⑥で作ったラインを肩甲骨の背縁のアーチに沿わせるようにします。
7. 前肢を前へ振り出させ、肘〜腋窩の5ミリ弱上を通ってイマジナリー・ライン〜肘から1指後ろ（第2ステージで毛を抜いたポイント）をつなげるように抜きます。
8. 第1〜第2ステージでストリップした部分から出てきたアンダー・コート等を抜きます。

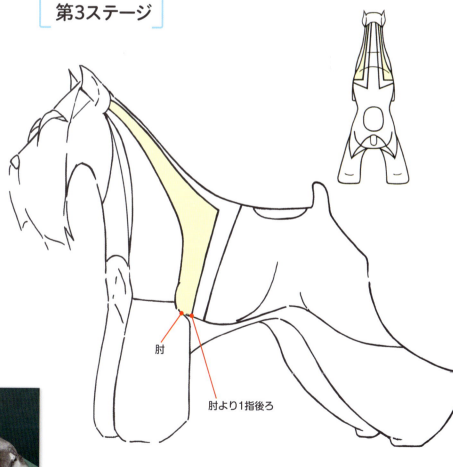

第4ステージ

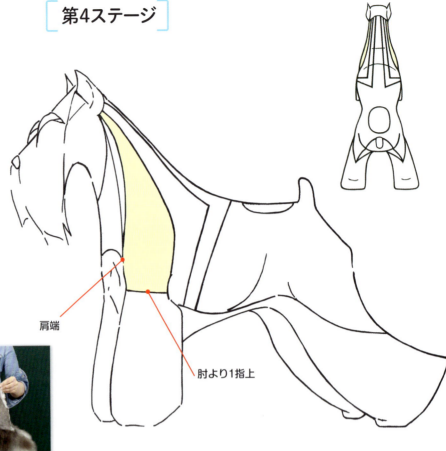

1. 犬を正しく立たせて、頭をネックに対して90度に保持します。第二頸椎、環椎の部分にアーチができます。
2. 耳の後ろから肩甲骨の前縁、肩甲頸のラインに沿い、肩端を結ぶラインを確認します。このラインにはアーチが付きます。アーチの頂点となる部分は、ネックの弓なりのアーチと見合うようにライン取りをします。
3. ②の肩端のポイントから、上腕に沿ったラインと肘の1指上を床に平行に取ったラインを確認します。
4. ②〜③のラインより後ろの毛を抜きます。

肩端

肘より1指上

第5ステージ

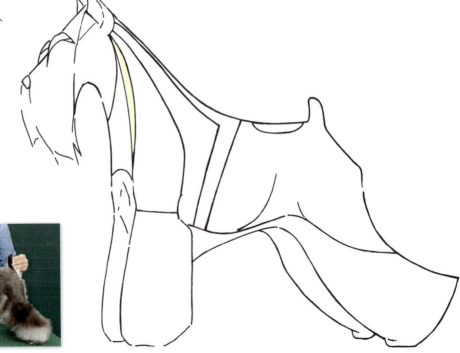

1. 耳の付け根下やや前側から、前胸のクリップ部とのあいだを抜きます。
2. 毛を抜くラインは、側望したとき、前へ向けてやや膨らむ形になります。

Miniature Schnauzer

[第6ステージ]

1. 眉弓骨の最も高いところから5ミリ上のポイント～目尻を結んだライン、目尻～耳孔までを真っ直ぐ結んだライン、左右眉弓骨のポイントを結んだラインを真っ直ぐつなげて、耳の付け根前側から後ろ側をつなげたラインを取ります。この枠内の被毛を抜きます。

2. 目頭の被毛を抜き、眉とひげを分けます。

3. 左右の目頭を結んだラインと、鼻鏡の幅かそれよりわずかに広い幅で左右眉弓骨のポイントへ向けて真っ直ぐつなげ、この枠内を抜きます。左右の眉弓骨を結んだラインと鼻鏡の幅で結んだラインの交点の角は、しっかり残します。

4. ストップは左右目頭から広めのV字に抜きます。ストップ部分の毛流は上方へ、鼻梁の毛流は左右に向かって流れているので、自然にV字に分かれています。マズルと頭頂部の長さが10：10に見えるよう、V字の角度により調節します。

5. 目尻の毛を抜きます。上下の目縁に沿って「く」の字形に毛を取ります。

6. のど～前胸を抜きます。前胸は、毛色が変わる高さまでを目安に。

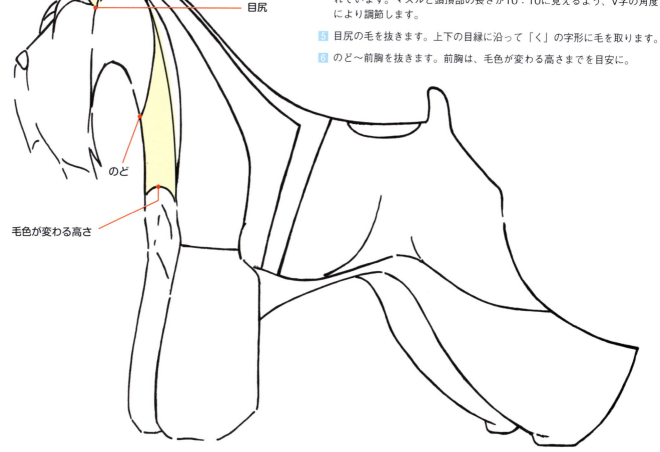

眉弓骨の頂点より5ミリ後ろ
耳孔
目尻
のど
毛色が変わる高さ

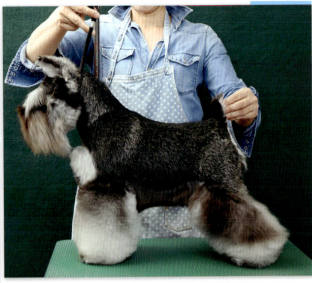

第6ステージ終了から約1.5カ月。

1 第6ステージで抜いたのど〜前胸を、クリッピング前に処理します（クリッピング後はコートが短くなりすぎて抜けないため）。軽石でアンダー・コートを処理し、余分なアウター・コートを軽石（またはナイフ）で処理します。

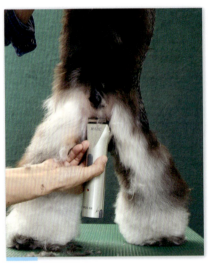

4 腹部を刈ります。後肢で立たせてタック・アップ周辺の毛を外側へ向けてコーミングし、へそより下をU字に刈ります。

3 陰部を刈ります。皮膚をしっかり張らせて睾丸の後ろ側を刈った後、睾丸を後ろへ引いて前側、右へ寄せて左側、左へ寄せて右側を刈ります。肛門周りの毛も処理します。

2 1ミリ刃のクリッパーで、四肢の足裏を処理します。パッドのあいだの毛を取り、大きなパッドの後ろ側も刈っておきます。

6 耳孔に親指を入れて耳を前へ引き、耳の付け根の後ろ側を刈ります。

5 親指を頬に当て、皮膚を前へ引いて張らせた状態で、耳の付け根前をしっかり刈ります。

Miniature Schnauzer

8 耳の前後の縁に対してクリッパーの刃を平行に当て、⑦で残した毛を並剃り。さらに、耳の先端も並剃りします。裏側も同様に刈ります。

point 耳を左右に分け、右半分・左半分に分けて刈ります。モデル犬は毛量が多いため、いったん並剃りで粗刈りしてから逆剃りしています

7 耳先端をチークに合わせます。このとき、頭部と耳を分ける折れ線ができます。指でしっかり固定し、折れ線までを逆剃りします。

11 ⑩で刈った部分からブレードの幅1/2ずつ左右にずらし、⑩と平行に真っ直ぐ下ろします。これでブレード2枚分刈れたことになります。

10 のどを刈ります。下顎の触毛より1cm下〜胸骨端を、ブレードの幅で真っ直ぐに並剃りします。

9 目尻より1cm後ろ〜耳孔を真っ直ぐに結ぶラインを想定し、2ミリ刃のクリッパーで、ライン上を並剃りします。

14 ボディ後部を刈ります。尾根部〜毛渦〜飛節より3指上を結ぶラインを想定します。

13 ⑪の刈り終わり〜左右前肢の肘より1指上の高さを結ぶ台形を想定し、その内側を並剃りします。45度の角度で左右交互に少しずつ刈り、台形から三角形に変化させます。

12 ⑨と⑩、⑪でクリッピングした部分と毛脈とのあいだに残る三角形部分を並剃りします。

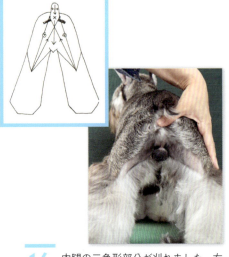

point
クリッパーを止めたとき、刃の左の角の延長線上に尾根部の右側が来るはずです

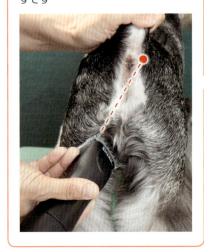

16　内腿の三角形部分が刈れました。右側は、飛節より3指上のポイントに刃の左の角を当て、⑮と同様に陰部に当たるところまで逆剃りします。

15　内腿を刈ります。左側を刈る際は、飛節より3指上のポイントに刃の右の角を当てます。そのまま陰部に当たるところまで逆剃りします。

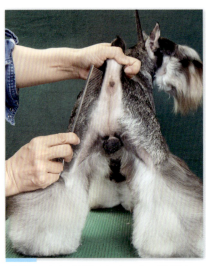

19　ボディ後部のクリッピングが終わった状態。

18　テイルを背に対して垂直に上げて裏側を真っ直ぐに刈り下ろし、さらにテイルの左右へ向けて逆剃りします。尾根部と毛渦を結んだラインの内側も刈ります。

17　肛門の下に刃を当て、陰部の上まで真っ直ぐに刈ります。さらに毛渦を逆剃りします。右の毛渦は右巻き、左の毛渦は左巻きなので、クリッパーを毛流と逆に回すようにして刈ります。

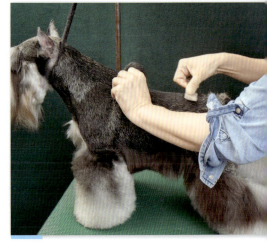

22　⑳〜サイドネックを抜きます。スキバサミを使わなくて済むようにステージングを利用し、また毛流をよく見てフロントのクリップ部につなげます。これによりネックがよく引き締まります。

21　オクシパット〜⑳を抜きます。アーチドネックはシュナにとって非常に重要な部分なので、アンダー・コートの量を微調整します。背が落ちている犬の場合、背が真っ直ぐになるようその部分のみ多めにコートを残すと良いでしょう。

20　ナイフでアンダー・コートを取り、全体を整えていきます。まず十字部を抜き、床に平行なトップ・ラインを作ります。体高：体長＝10：10になるように、体全体のバランスを見ながら腰の高さを決めましょう。

Miniature Schnauzer

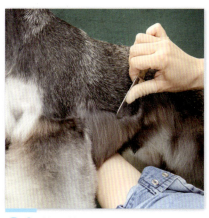

25 膝から垂直に立ち上げたラインとウエストのあいだをしっかり処理することにより、大腿部の筋肉の厚みと強さを表現します。

24 第1～第4ステージで作ってきたイマジナリー・ラインを確認しながら、サイドボディ～大腿部を抜きます。肋骨の丸みが体の下側へ入る部分はしっかり皮膚を張って、余分な毛を残さないようにします。

23 ㉒～肩～上腕部を抜きます。第4ステージで決めた肩や上腕骨の角度を意識しながら作業します。

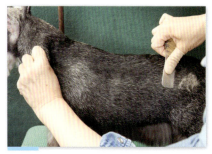
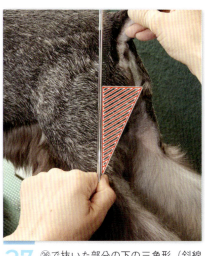

28 トップ・ライン～肩より後ろのサイドボディを抜きます。ここはトップラインとサイドボディの角に当たる部分で、腰の台形表現につながります。また、肩の傾斜角度と体の重心を変える重要なポイントでもあります。丸みの表現であってはいけません。

27 ㉖で抜いた部分の下の三角形（斜線部）を、クリップ部へつなげるように抜きます。これにより、大腿部の筋肉表現と立体感を表すことができ、後肢スロープの表現につながっていきます。

26 テイルを上げ、尾根部～座骨端の寛骨角度を想定します。さらに、尾根部からテーブルに対して垂直、座骨端からテーブルに対して平行なラインを想定。3本のラインで囲まれた三角形の部分を抜きます。

point
この部分を抜くことにより、大腿部の筋肉をよりシャープに表現することができます

30 テイルの表側と両サイドを抜きます。

29 ラスト・リブから尾根部を結ぶラインを直線的に処理することによって、丸みを抑えることができ、腰の台形表現が生まれます。

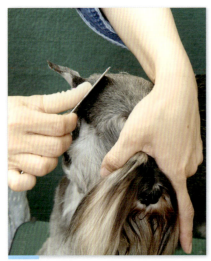

33 眉弓骨〜目尻〜耳孔を結ぶ三角形の部分を抜きます。頭頂部に対して垂直な面を作るように、側頭部を平らに整えます。

32 眉弓骨〜耳の前側の付け根を真っ直ぐ結ぶように抜きます。頭部の丸みを抑え、長方形の頭部表現につながります。

31 頭部を抜きます。頭頂部はマズルと平行になるように整え、続けて、オクシパットのすぐ下〜耳の後ろ側の付け根を結ぶ三角形の部分を抜きます。

36 スキバサミで毛脈を整えます。あくまでもコートが短すぎてナイフで処理できない場合とコートが長く厚みのない場合のみ、前胸部につながらないためスキバサミを使います。

35 アウター・コートを抜きます。オクシパットのすぐ下〜トップ・ラインを手で軽く払い、浮いてきたものだけを抜きます。アンダー・コートの処理でボディの構成や表現のベースができているので、同じ考え方でアウター・コートを処理します。

34 左右の眉とストップを結ぶ三角形の部分に軽石を当てて、残ったアンダー・コートを処理します。第6ステージで作った、眉弓骨より5ミリ上〜目尻を結ぶラインも軽石で整えます。

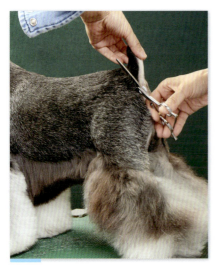
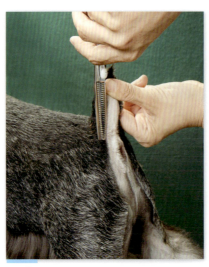

39 テイルを上げ、尾根部の両サイドを寛骨の角度ですきます。これにより、尾付きを高くショートバックに見せることができます。

38 テイルを背に対して90度に保持し、尾裏からはみ出す毛を尾根部まで真っ直ぐにカット。尾根部〜結節をスキバサミで整えます。

37 後望したときのAラインを作ります。まず尾根部、毛渦、飛節から3指上のポイントを結び、このラインからはみ出す毛を仕上げバサミでカットします。

Miniature Schnauzer

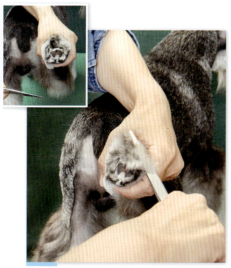

42 左手の親指と人さし指を輪にして足を持ち、足の後ろ半分を丸くカットします。左の後肢も同様に。

point
足周りは、ジャッジサイドではない側を先にカット。サイズ等を確認してから、それに合わせてジャッジサイドをカットしましょう

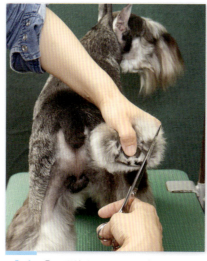

41 ㊵の両脇をカットし、台形を作ります。

40 足周りをカット。左手を下腿骨に沿って下へ滑らせるようにして、右後肢の中足部を握ります。第3・第4指の前を、足をテーブルに置いた状態で正面を向くよう真っ直ぐにカットします。

point
肢をいったん前へ出すことでパッドの後ろ側の毛が左手から抜けるので、切りすぎを防ぐことができます

43 前肢足周りをカットします。親指と人さし指を輪にして付け根から下へ滑らせるようにして、前肢の中手部を握ります。さらに肢を前へ振り、踵(かかと)を握ります。

46 後肢の外側をカットします。飾り毛は上から下へ徐々に長く残すようにし、平らな面を作るように整えます。このとき、大腿部からのAラインを意識しましょう。

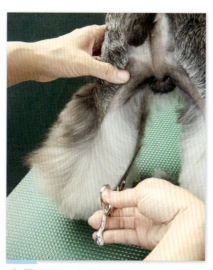

45 後肢の内側をカットします。付け根から足周りへ、真っ直ぐなラインを作るように整えます。

44 左手の輪からはみ出す毛をカットし、足周りを丸く整えます。

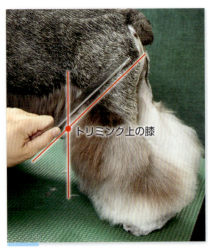

49 後肢の前側をカットします。タック・アップ中央部のやや後方からテーブルに向かって引いた垂線と、膝関節からテーブルに対して45度に引いたラインの交点を、トリミング上の膝のポイントとして設定します。

48 テイルを上げ、後肢のスロープを整えます。全体のバランスを見ながら、不要な毛だけをカットします。これで、スロープの長さと飛節の位置が決まります。

47 後肢の後ろ側と内側、外側の角を取ります。ハサミは必ず毛流に沿って当てます。この角取りによって、飛節を低く見せます。

52 犬を正しく立たせ、テーブルに着く足周りの毛を台形に整え直します。バランスを見ながら、蹴り上げの角度を調整してカットします。

51 後肢の前側と内側、外側の角を取ります。㊵〜㊷でカットした、足の前側の角度を意識しながらつなげます。

50 ㊾で設定した膝より上を、テーブルに対して垂直にカット。膝より下は、足周りへ自然につなげます。

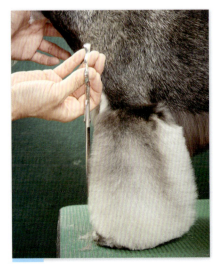

55 前肢の前側をカットします。付け根から足周りへ、フロントからのつながりを考えながら真っ直ぐにつなげます。これで前肢の長さが決定します。

54 前肢の内側をカットします。付け根より少し下から、足周りへ真っ直ぐにつなげます。

53 前肢の外側を肩幅でカットします。肩から足周りへ、わずかに下へ広がる角度でつなげます。

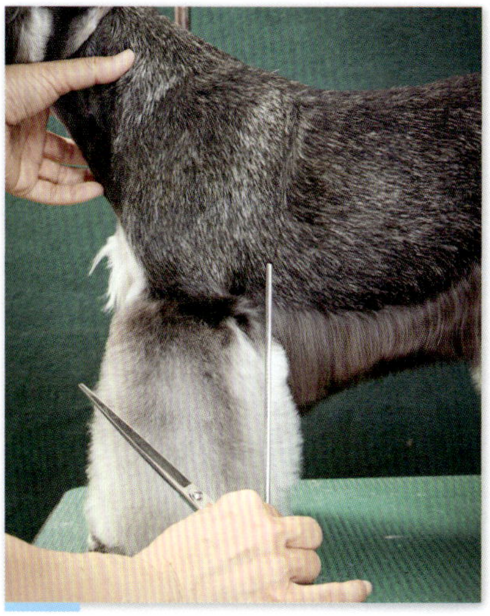

56 前肢の後ろ側をカットします。キ甲から垂直に下ろしたラインに沿って、足周りまで真っ直ぐにカット。この時点で長方形の4面ができています。

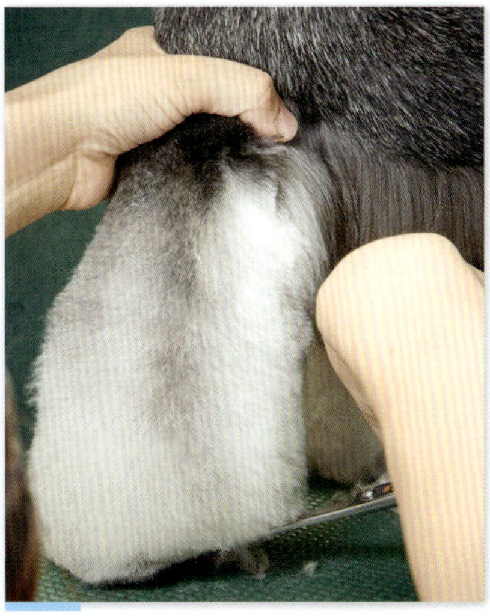

57 (53)〜(55)でカットした面の角を取ります。さらに、肘の上を軽く前へ押し出すようにしてパスターンを立て、蹴り上げを整えます。

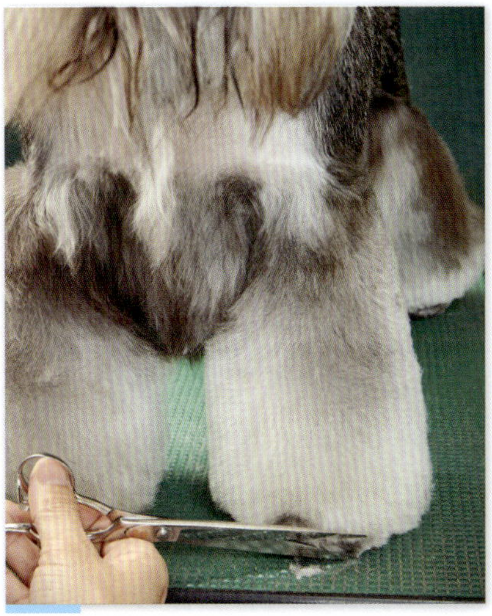

58 (57)に合わせて前肢の足周りの角を取り、さらに、蹴り上げの角を取ります。

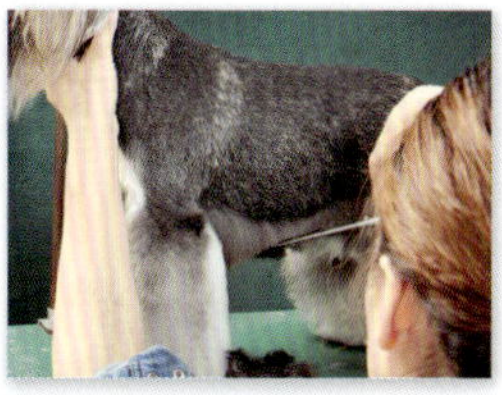

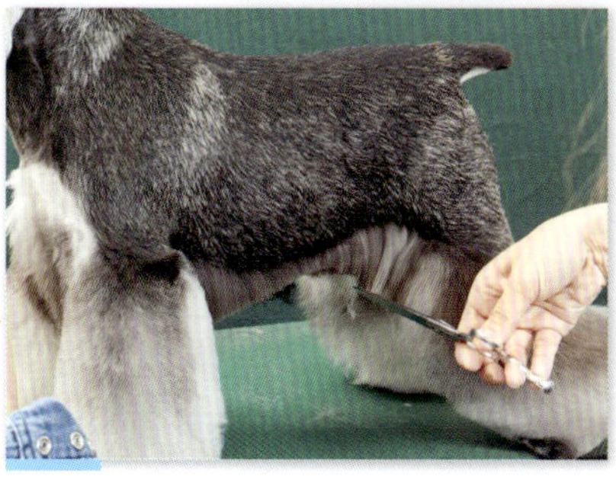

59 アンダーラインをカットします。ラスト・リブの後ろからわずかなアーチを描いて下胸へつなげ、膝〜ウエストのつながりも整えます。

point

アンダーラインは、内側がやや短くなるようにカットします。同じ長さにしておくと、呼吸で胸が膨らんだときに内側の毛がラインより下まではみ出してしまうことがあります

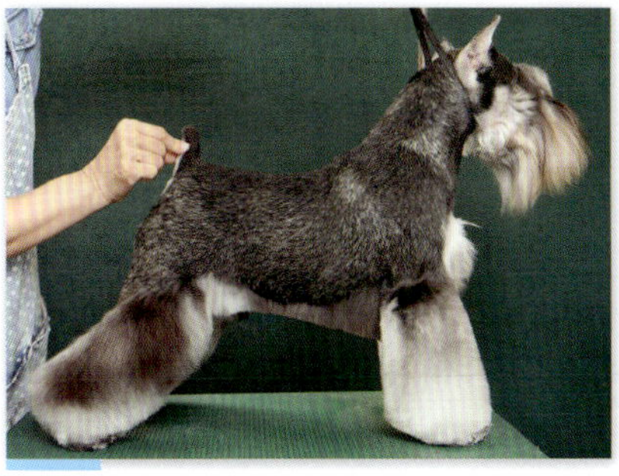

60 モデル犬のように毛量が多い場合は、プラッキング部と飾り毛が自然につながるように、ナイフ（または仕上げバサミ）でそぐように処理します。

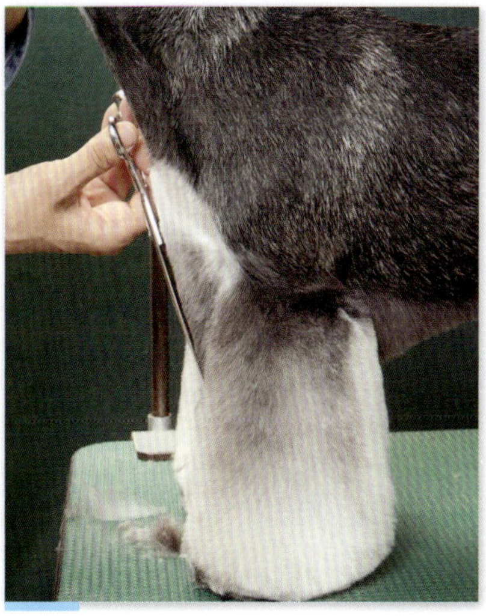

61 前胸の飾り毛をカットします。前へかき出すようにコーミングし、側望したとき前肢より前に毛がはみ出さないように整えます。

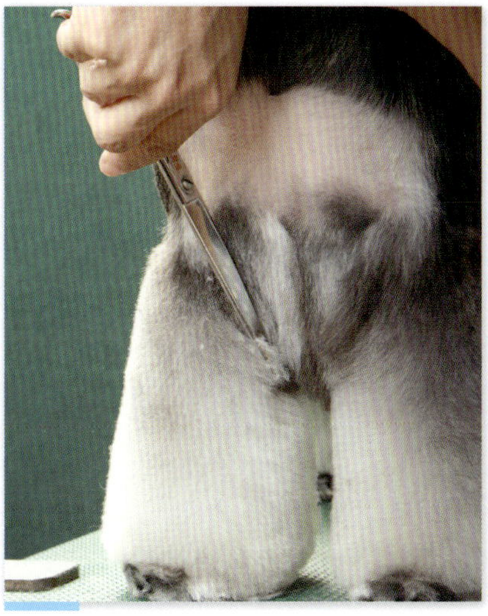

62 前肢の付け根と胸の境目にもハサミを入れ、余分な毛を残さないようにします。

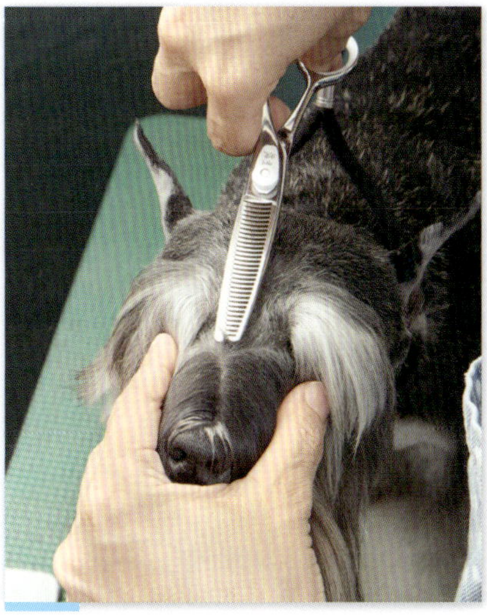

63 頭部を仕上げます。さらにナイフで処理しきれなかった眉のあいだ（鼻鏡の幅か、それよりわずかに広い幅）〜ストップをスキバサミで処理します。ストップは浅く、深く掘りすぎないよう注意。

66 耳の後ろ〜ネック・ラインをスキバサミでブレンディングし、自然につなげます。

65 耳を立てた状態で前望し、頭部が長方形になるよう整え直します。

64 側頭部を整えます。目尻〜耳の上側の付け根〜耳孔を結んだ三角形の部分を、スキバサミでブレンディング。

69 68の切り終わりからハサミを入れ、動刃をチークに当てます。ハサミの柄を持ち上げ、静刃を外側へ倒しながら残りの眉をカットします。

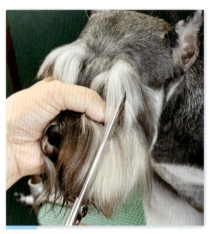

68 目頭側の長い毛（芯）を少しだけ取って左手で押さえておきます。眉の毛流をマズルに対して45度に整え、目頭側から1/2のところまでカット。ハサミを外側に倒し気味にすると表面の毛が長く残るため、後から修正可能になります。

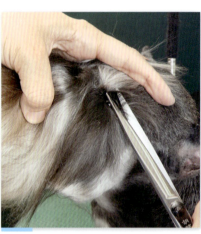

67 眉を持ち上げ、左右の目頭の毛をカットします。まつ毛も短くカットします。

72 ひげを整えます。クリッピングした側頭部とひげの境目をスキバサミでブレンディングし、留めを作ります。その後ひげの上側をカットし、頭部が長方形に見えるように整えます。

71 眉と口ひげをつなげます。眉尻のすぐ後ろに仕上げバサミを当て、頭頂部に対して垂直にカットします。この部分が「眉の終わり」と「ひげの始まり」になります。

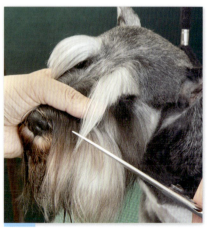

70 68で分けておいた芯と一緒に、眉をスリッカーでとかします。上望し、頭長の1/3を目安に眉の先端をカットします。その後、眉がきれいな弧を描くように切り口を微調整。前望したとき、目が目尻側1/3ほど見えるくらいが良いでしょう。

Miniature Schnauzer

75 顔のカットが終わったところ。眉にアーチを付けることで顔に奥行きが出て、頭部のシャープさや長方形の表現をより可能にします。

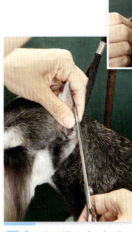

74 耳の縁の毛を処理します。外側は縁ぎりぎりにカット。内側は、耳を立てたときにスカルに対して耳が垂直に見えるよう補正しながら整えます。続けて鼻梁線から左右にひげを分けて鼻鏡にかかる毛を指で抜き、鼻鏡をはっきり見せます。

73 のど〜下顎をカットします。口ひげを前へ向けてブラッシングし、のどは短く、下顎の先端へ向けて徐々に長く毛を残すように整えます。

78 コーミングして毛流を整え、プラッキング部は獣毛ブラシでボディに付着したパウダーを払います。毛流に沿ってしっかりとかし、コートを整えてつやを出します。

77 スリッカーでとかしながらドライヤーの風を当てます。余分なパウダーを落とし、クリームでうねった被毛を真っ直ぐに伸ばして乾かし直します。

76 クリームを手のひらに薄く伸ばし、四肢の被毛の根元からまんべんなく付けます。眉とひげは表面にさっと塗る程度。次にブラシでパウダーを入れます。クリップ部、眉、ひげはスポンジを使います。

finish

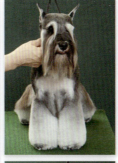

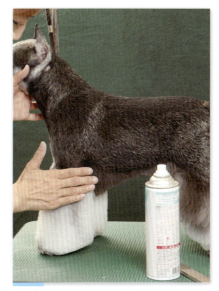

79 四肢の飾り毛にスプレーをかけ、手とコームでアウトラインを整えます。

エアデール・テリアの
スタンダード・スタイル

スタイル作りのポイントとなるのが、毛が成長する周期に合わせて行う「コート・ワーク」。質の良いコートを作る作業には時間がかかりますが、コート・ワークがうまくいけば、プラッキングを繰り返しながらつねに美しい状態を保つことが可能になります。

講師:黒須千里

Airedale Terrier

テリアの
トリミングの基本

ショー・コートの条件

1. 十分な硬さがある
2. 十分な厚みがある
3. ショート〜ミディアム〜ロングの部分が、自然にブレンドされてつながっている
4. コートが皮膚に密着したようになっており、体を動かしても毛がふんわりと広がらない
5. コートの成長の周期がコントロールされており、つねに美しい状態を保つことができる

「ローリング・コート」の考え方

何層に分けるかに決まりはないが、今回は「皮膚の表面より上に4層＋下に4層」の8層程度に分けることとして考える。

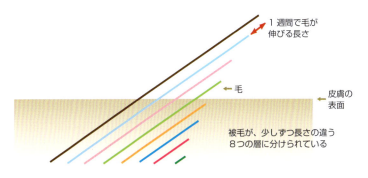

毛が伸びる周期に合わせ、コートを8層に分けて管理する（「皮膚の表面より上と下にそれぞれ4段階の長さの被毛を作る」とイメージ）。

↓ 1週間後

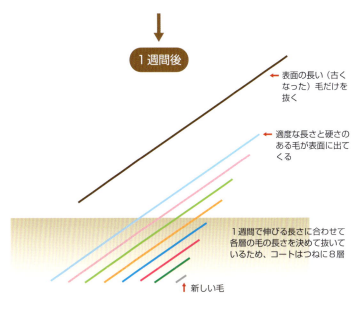

表面の古い毛を抜いても、適度な硬さと長さのある毛が表面に出てくるため、つねにコートを美しい状態に保つことができる。

「ローリング」の必要性

ショードッグの場合、最低1週間に1回のサイクルでプラッキングを行って、つねに同じ状態のコートを保てるようにしておくことが大切。そのためには、毛が成長する周期に合わせて毛を何層かに分け、いつでも最も良い状態の毛が表面に出るように計算しながらコートを管理する必要があります。つねにプラッキングをしながら、ベストの状態に保ち続けられるコートを「ローリング・コート」と言います。

● 十分な厚みのある被毛

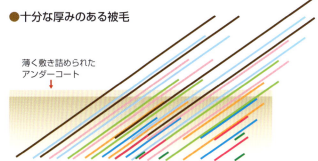

少しずつ長さの違う毛の層が複雑に重なり合っているため、毛が浮き上がらず、皮膚に密着する。

● 厚みが十分ではない被毛

コートの層が薄く軽いため、毛の根元が浮きやすく、ふんわりと立ち上がってしまう。

トリミング・パートの基本

下の図を目安に、スタイルを作ります。ハサミは使わず、すべてプラッキングで仕上げます。

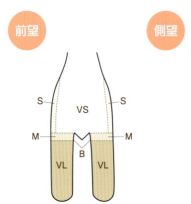
前望

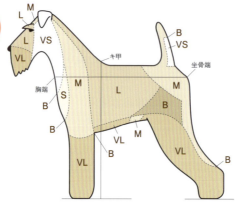
側望

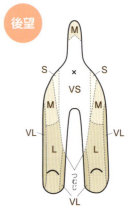
後望

VS＝ベリーショート（薄く1枚コートが生えているように）
S＝ショート（VSよりは長く、しっかりと厚みがある）
M＝ミディアム（適度な長さに。ワンウエーブを目安に）
L＝ロング（Mより長く厚めに残すが、皮膚に張り付いている）
VL＝ベリーロング（最も長く残す）
B＝ブレンディング

ドッグ・ショー1週間前の作業

before

顔、四肢、ボディ下部（下胸～腹部）のみシャンプーし、タオルドライしたところ。

1 ピンブラシでとかしながら、ドライヤーの風を当てていきます。ボディのアンダーラインは真っ直ぐに仕上げたいので、乾いて毛が巻き始める前にタック・アップ付近から乾かし始めます。

2 脇～ボディのアンダーラインを乾かします。脇は、内側の寝ている毛を起こすつもりで、ピンブラシで下から持ち上げるようにとかしながら風を当てます。

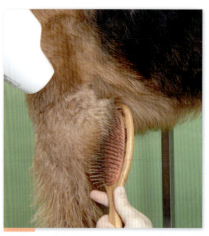

3 四肢を乾かします。ピンブラシで毛を起こすようにとかしながら、毛の根元に風を当てます。

4 飛節より下や前肢の握りも、ていねいに乾かします。表面が乾いても、内側が濡れていると毛が巻いてしまうため、毛の根元からきちんと乾かします。

5 大腿部は、後肢から続けて毛を起こすように乾かした後、毛流に沿ってとかしておきます。

Airedale Terrier

8 口ひげを乾かします。ピンブラシで下から持ち上げるようにとかしながら、風を当てます。

7 頭部を乾かします。毛流に沿って、自然に前へ向けてとかしながら風を当てます。

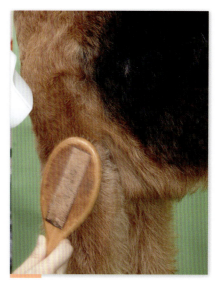

6 ドライングの際、ブラシのピンが通りにくい場合は無理に毛を引っ張らず、少しずつほぐすようにとかします。

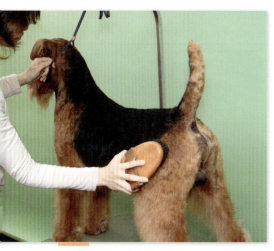

11 コートをとくに寝かせて仕上げたい部分（ボディやテイル）を、獣毛ブラシでとかします。このとき、余分な毛の量を確認します。

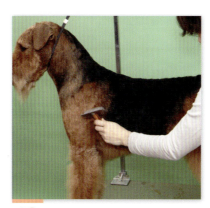

10 スリッカーで全身をとかします。とかしながら、コートの厚みやアンダーコートの量を確認しておきます。

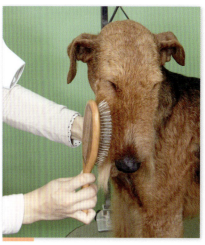

9 毛の根元まできちんと乾いたら、前望したとき長方形に見える顔をイメージしながら、毛流に沿って整えます。

14 最も短く仕上げる部分（チーク、耳、胸、内股）のフラット・ワークを行います。ナイフは刃を使う位置、指を使う位置、かける力や当て方によって生まれる効果が異なります。

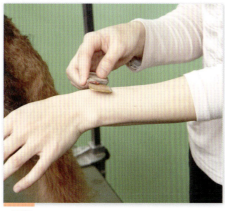

13 レーキングする際の力加減は、自分の腕にナイフの刃を当ててこすったとき、皮膚に薄く線が残る程度を目安にします。

12 細かい刃のナイフでボディ〜テイルをレーキングし、余分なアンダー・コートを取りのぞきます。レーキングする際は、コートに対してナイフの刃を寝かせ気味に当てます。このとき、皮膚にかける力を微妙に変えながら、残すアンダー・コートの量を決めます。

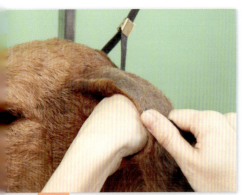

16 耳の先端は、ほかの部位に比べてやわらかい毛が多いので、切らないように少しずつつまんで抜きます。

point
毛をつまんだ後、毛の生えている方向と逆に引き抜くと、犬への負担が大きくなります

手首をひねって引き抜くと、腱鞘炎の原因になります

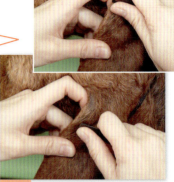

15 耳の毛を抜きます。皮膚が透けて見えるほどの薄さに、1枚だけコートを残すのが基本。ナイフの先端を毛の根元に当てて親指で押さえ、毛流に沿って引き抜きます。

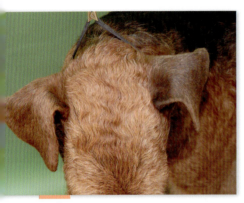

19 耳のフラット・ワークが終わったところ（向かって右側）。皮膚の色が透けるほど抜いておくと、ショー当日までにほど良い量のコートが生えそろいます。

18 耳の内側は、プラッキングに慣れている犬でも嫌がることが多いので、犬の様子を見ながら少しずつ抜きます。

17 耳の縁は、左手でしっかり皮膚を挟んで押さえ、きれいに抜きます。

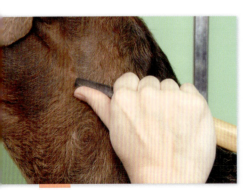

22 ⑳〜㉑のフラット・ワークを、サイドネックへ自然につなげるようにブレンドします。ブレンディングの際は、ナイフの刃の中央部を使って毛を抜きます。

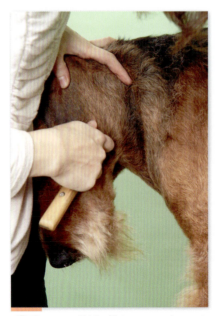

21 チーク付近を抜くときは、犬の頭を下げさせて作業すると、犬の負担が軽くなります。

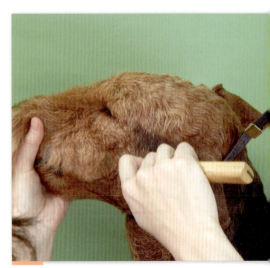

20 チーク〜胸のフラット・ワークを行います。目尻〜耳の後ろ側の付け根〜口角〜胸をつないだラインで、皮膚が透けて見えるほどの薄さに1枚だけコートを残すように毛を抜きます。

Airedale Terrier

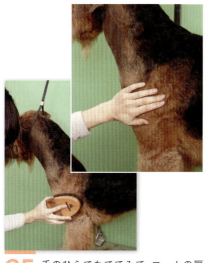

25 手のひらでなでてみて、コートの厚みや筋肉の形を確認。さらにブレンドした部分にブラシを入れ、自然にブレンドできているかどうかをチェックします。

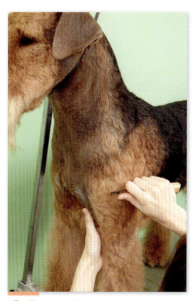

24 肘〜前肢へつながる部分をブレンドします。ボディ〜前肢を自然につなげるように整えます。

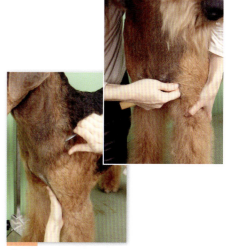

23 前胸の部分のフラット・ワークを、ボディのサイドへ自然につなげるようにブレンドします。毛流に合わせてナイフの向きを変えながら作業します。

28 コート・ワークは、最終的な仕上がりをイメージしながら進めることが大切。全体のバランスを見ながら、毛を抜く量を微調整します。

27 ボディのコート・ワークを行います。コート表面の、いちばん長い(古い)毛の層を1枚取りのぞくように毛を抜いていきます。

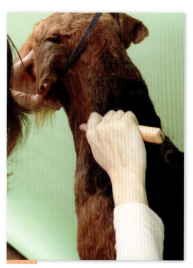

26 必要に応じてサイドネックをブレンドし直し、頭部〜ボディ〜前肢をきれいにつなげます。

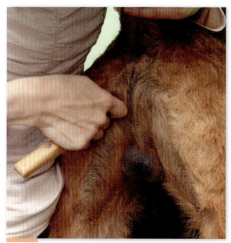

31 テイルの付け根〜内股のフラット・ワークを行います。チークなどと同様に、皮膚が透けて見えるほどの薄さに1枚だけコートを残すように毛を抜きます。

30 ナイフで抜ききれない細かい部分は、指で毛をつまんで抜きます。

29 タック・アップの部分は皮膚が薄いので、後ろから左手を添えて支えながら毛を抜きます。

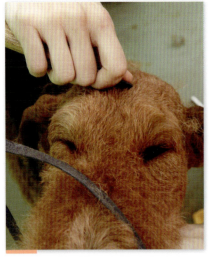

34 頭部のコート・ワークを行います。眉より後ろの頭頂部を、平らに整えます。

33 テイルのコート・ワークを行います。付け根は短く、先端へ行くほど長めに毛を残し、長く太く見えるテイルを作ります。

32 フラット・ワークが終わったところ（向かって左側）。

37 頭頂部〜チークのフラット・ワークへ、自然につなげるようにブレンドします。

36 耳を正しく上げた状態で前望し、左右の耳の付け根と頭頂部が真っ直ぐにつながっていることを確認します。

35 後頭部〜首へ、自然につなげるように整えます。前頭部も後頭部も、毛を多く残してアウトラインを隠すことはしません。

40 眉を整えます。毛を下へ下ろすように抜きます。

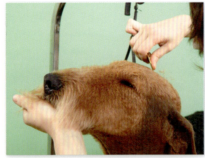

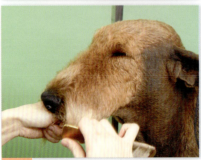

39 マズル〜口ひげを整えます。前望して頭部が長方形になるように整え、側望したときに口ひげからはみ出す下顎の余分な毛を処理します。

38 コーミングして眉のラインを確認します。さらに、口ひげは下へ下ろすように、マズルの上部は毛を起こすようにコーミングします。

Airedale Terrier

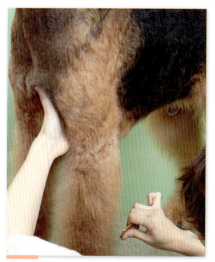
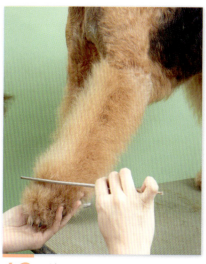

43 肘の内側から手を添えて正しく立たせ、前望して前肢の外側の毛を抜きます。肩の幅より外側に出ないよう、真っ直ぐに整えます。

42 四肢のコート・ワークを行います。ボディと前肢の毛を分け、前肢の毛を起こすようにコーミング。四肢のコートは長く残しすぎないようにします。

41 顔を仕上げたところ（向かって右側）。ラインを整えるよりローリングすることがメインです。

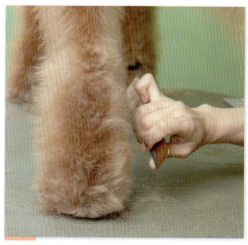

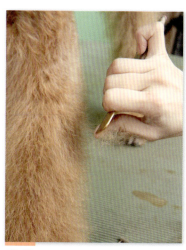

46 後肢の毛を起こすようにコーミングし、後肢の内側を平らな面に整えます。この部分は毛が生えにくいので、毛を取りすぎないように注意します。

45 前肢の内側・前側・後ろ側も同様に毛を抜き、最後に四面の角を取って円柱状に整えます。足先は、毛が抜けたり切れたりしやすいので、毛を取りすぎないようにします。

44 四肢の長い毛は、仕上げたいラインにナイフを当てて毛先をつまみ、毛流に沿って下へ向けて引き抜きます。

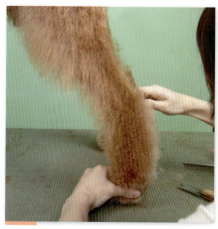
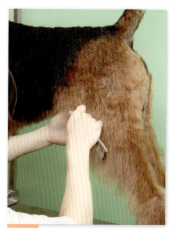
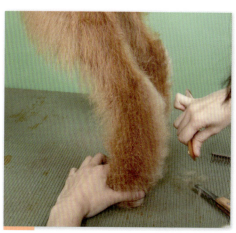

49 後肢の前側を整えます。タック・アップ付近は指で毛を少しずつつまんで抜き、アンダーラインへ自然につながるように調節します。

48 後肢の外側を整えます。大腿部からブレンドし、後肢へ自然につなげていきます。前肢とのバランスを見て、後肢に残す毛の長さを決めます。

47 後肢の後ろ側を整えます。飛節を低く見せることを意識し、飾り毛は長く残しすぎないようにします。

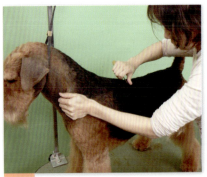

finish

コートをローリングすることをメインに作業を行いました。

51 全体のバランスを見て、ネック・ライン〜ボディのトップラインへのつながりなどを整えます。

50 ボディのアンダーラインを整えます。タック・アップから肘の後ろまで、真っ直ぐなラインを作ります。

毎週のコート・ワークによるローリングとドッグ・ショー当日の作業

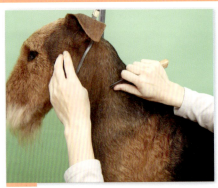

before

1 全体を見て、毛先がはねている毛や、仕上がりのラインからはみ出す毛を抜きます。

2 フラット・ワークを行った部分は、コートがほど良く生えてきていることを確認し、ボディの各部へ自然につなげるようにブレンドします。

顔、四肢、ボディ下部（下胸〜腹部）をシャンプーし、乾かしたところ。

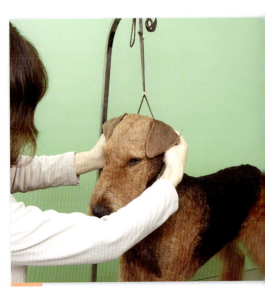

5 タンの部分にチョークを入れます。チョークは、毛の色ムラをなじませるためのもの。その犬のタンの部分と同じか、少し薄めの色を選びます。

4 四肢は毛を起こすようにコーミングし、いろいろな方向から見ながらラインを整えます。

3 顔は、耳を正しい位置に立ててバランスを確認。表現したい顔の形（長方形）を意識しながら微調整します。

146

Airedale Terrier

6 獣毛ブラシにチョークを付け、眉と口ひげに付けます。毛流と逆方向からも毛をほぐすようにとかし、ムラなくチョークを入れます。

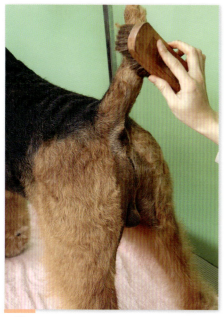 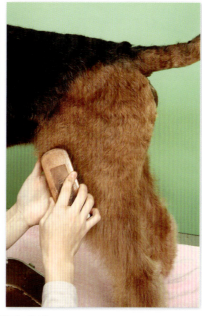

8 ボディのタンの部分とテイルの裏には、獣毛ブラシでなでる程度に軽くチョークを入れます。

7 ⑥と同様に、四肢にもチョークを入れます。色を濃く入れすぎないように注意します。

  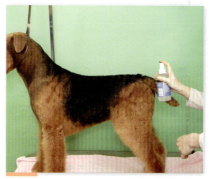

11 つや出しのため、全身に軽くオイルスプレーをかけ、獣毛ブラシでブラッシングしてなじませます。

10 ピンブラシで毛をほぐすようにブラッシングし、オイルスプレーをなじませます。

9 チョークを入れた部分に、軽くオイルスプレーをかけます。オイルスプレーは、チョークの色を落ち着かせ、被毛の傷みを防ぐのに役立ちます。

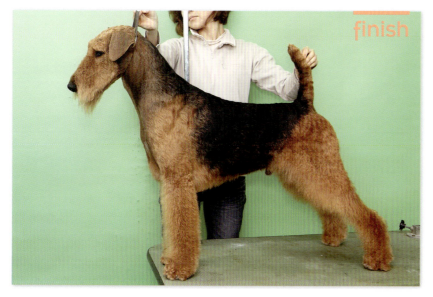

finish

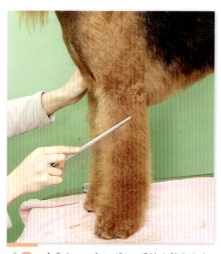

12 全身をコーミングし、毛流を整えます。

日常のコート・ワーク

コートの状態

四肢の毛が短く、厚みもない。

コートに厚みがなく、波打って見えるところがある。

表面に古くなった白っぽい毛、内側に新しく生えてきた濃い色の毛がある。

before

以前ハサミを入れていたため、フル・ストリッピングを行いました。それから約1カ月。

フル・ストリッピングの後、質の良い毛を生やすために

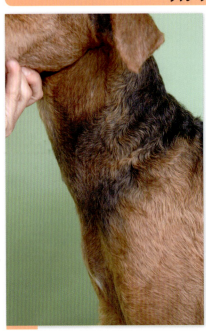

3 最も短く仕上げる部分(チーク、耳、胸、内股)のフラット・ワークは、毛の層を薄く1枚残す程度に行います。

point
これまでプラッキングをしていなかった犬の場合は、毛を抜くと皮膚が炎症を起こすことも。一気に抜こうとせず、犬の様子や毛の生え戻り方を見ながら、少しずつこまめに抜きましょう

2 コートが波打っているのは、アンダー・コートとトップ・コートの厚みにばらつきがあるため。コートが盛り上がった部分に、毛流に対して垂直にナイフを当て、深い部分から毛を取ります。

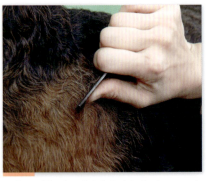

1 質の良い毛を生やすため、古いコートを徐々に取りのぞいていきます。ナイフの刃をコートに対してほぼ垂直に当て、深い部分から毛を取ります。

5 毛の状態を見ながら、スリッカーとピンブラシを使ってアンダー・コートを取りのぞいておきます。

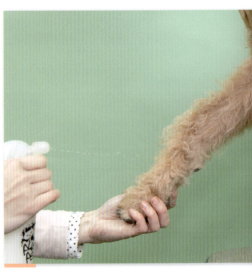

4 四肢の毛の長さが足りない場合、まずは十分な長さまで伸ばすことが大切。オイルスプレーをかけ、トップ・コートは獣毛ブラシで、足のコートはピンブラシでブラッシングしながら皮膚を刺激して、毛の成長を促します。

Airedale Terrier

アウトラインを意識しながら土台を作り、コートの層にする

作業のポイント
- 「ローリング・コート」を作るため、毛の成長の周期を見ながらコートを「層」にしていくことが目的。
- モデル犬はすでにドッグ・ショーに出陳しているため、アウトラインを整えることも意識する。

コートの状態
- 抜いた毛が徐々に生え戻り、コートが「層」になり始めている。
- 四肢にはまだやわらかい毛が残っている。しかし、色が濃く太い毛が表面近くまで上がってきたため、以前より太く見えるようになった。

6 ①〜⑤の手入れを繰り返しながら、約2カ月半経過した状態。

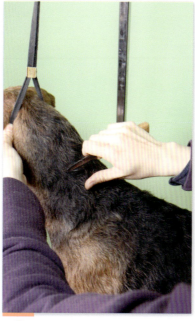

7 ボディやテイルを獣毛ブラシでとかし、毛を寝かせます。ホコリなどを取りのぞくとコート本来のつやが出るため、残しておきたい新しい毛と、毛根が死んで白っぽくなった毛を見分けやすくなります。

9 ネック・ラインなど、ある程度の長さをキープしたい部分は、ほんの少し厚みを多く残すつもりで毛を抜きます。

8 新しい毛の伸び具合を確認しながら、古い毛を取りのぞきます。サイドネックなどフラット・ワークへつながる部分は、自然にブレンドすることを意識します。

point
長さや厚みが欲しいからと言って、古い毛を残しておくのは×。この段階では、毛の長さより質を優先しましょう。古い毛はきちんと取りのぞき、新しい毛を生やすようにします

point
定期的に毛を抜かないと、生えてくる新しい毛に押し上げられて、突然コートにウエーブが出たり、毛が割れたりすることがあります。きれいに見えるときも必ず毛を抜くことが、コート・ワークの基本

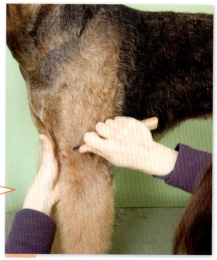

10 ローリング・コートが完成するまでは、毛が密に生えそろう時期と、まばらになる時期があります。コートの層を作るためには、きれいに生えそろって見えるときでも、必ず一定量の毛を抜いて手入れをすることが大切です。

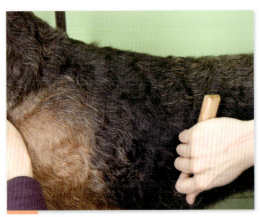

point 新しい毛は、抜いた方向に生えるもの。「生えてほしい方向」を意識しながら抜くことで、徐々に毛の生え方の方向を変えていくことができます

12 アンダーラインは毛が内側へ巻くように伸びていますが、最終的には真っ直ぐ下へ下ろしたいので、体の前のほうへ引っ張りながら抜きます。

11 コートにウエーブが出るところも、1カ所から毛を多く取りすぎないように注意します。一度に取る量の目安は、気になる盛り上がりの半分くらいまで。根気よく繰り返せば、ウエーブが徐々に目立たなくなっていきます。

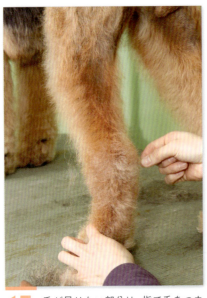

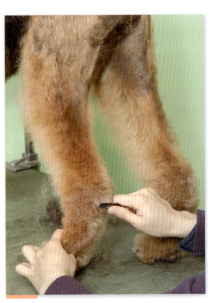

15 毛が足りない部分は、指で毛をつまみ、1本ずつていねいに抜きます。新しい毛を生やすため、少しでも毛を抜くこと。

14 フィニシング（足のコート）のトリムは、四肢のアウトラインを整えながら行います。

13 四肢の毛はまだ長さが十分ではないので、毛根が死んでいる古い毛だけを取りのぞくようにします。

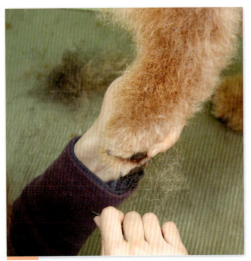
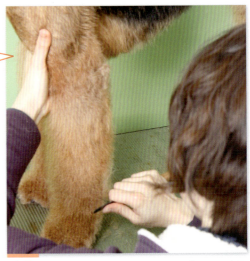

17 四肢は、指先まできちんと毛を抜きます。硬く太い毛が育てば、足先などの切れ毛も起こりにくくなります。

point 毛が不足してへこんで見える部分も、傷んだ古い毛を抜きながら、新しい毛が伸びてくるのを待ちます。へこみに合わせて、ほかの部分の毛を抜いてしまわないこと

16 コートを厚く長くしていきたい部分は、生えてくる量より多く毛を抜かないことが大切。毛が生え戻ってくる様子を観察しながら、抜く量を調節しましょう。

Airedale Terrier

20 ひげは理想の形をイメージし、そのアウトラインからはみ出す古い毛を取りのぞきます。

19 眉は、古くなった毛を指でつまんで抜きます。厚みや長さが欲しいからと残しておくと、毛が古くなってふわふわした質感になってしまうので注意。

18 頭頂部は、毛先が跳ねているやわらかい毛だけを取りのぞきます。下から伸びてきている硬い毛は残しておきます。

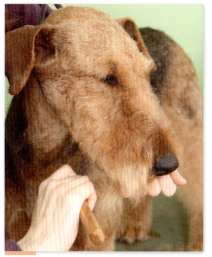

point
この段階で形を整えようとすると、必要以上に毛を抜くことに。四肢やひげなど毛量が必要な部分は、きれいに形作るより、新しい毛を伸ばすことを優先しましょう

22 目の下のくぼみは、テリアらしい奥まった目を表現するのに欠かせないポイント。新しい毛が伸びてきたときにマズルと自然になじむよう、きちんと毛を抜いておきます。

21 質の良い毛が生えそろうまでは、ひげは細目のナイフで確実に毛を抜くようにします。ただ長いだけの毛がぶら下がることのないよう、中から密に毛が上がってきているかチェック。

finish

この後ラインをどのように持っていき、どの毛を育てるかをイメージしましょう。

23 最も短く仕上げる部分(チーク、耳、胸、内股)のフラット・ワークは、毛の層を薄く1枚残す程度に。皮膚の状態や毛の生え方を見ながら、1週間に1回のペースで行います。

ノーリッチ・テリアの
スタンダード・スタイル

短脚・長毛テリアも、エアデールと同様にプラッキングでスタイルを作っていく犬種です。
基本は同じですが、考え方が異なる部分があるので注意が必要。

講師：黒須千里

Norwich Terrier

長毛テリアのプラッキング

エアデール・テリアと同様に、長毛のノーリッチ・テリアでも、コートをローリングするとつねに良い状態を保てます。ただし、プラッキングの際の考え方が異なるので、注意が必要です。

表面に古くなった白っぽい毛、内側に新しく生えてきた濃い色の毛がある。

↓

ナイフを手前に引きながら指の力をゆるめ、つまんだ毛を逃がしていく。

↓

数本だけ残った毛の、毛先に近いところをつまんで抜く。

毛をうまく逃がせない場合は、粗目のナイフを使ってもOK。

実際に抜いたのは、ほんの数本

● エアデール・テリアの場合

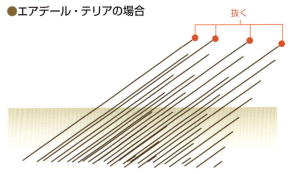

抜く

何層にも重なったコートを作る。プラッキングの際に、最も長く伸びた表面のコートを取りのぞく。

● 長毛テリアの場合

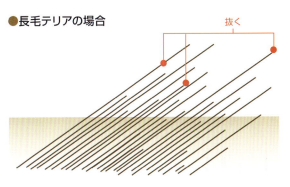

抜く

指先の感覚を頼りに、長い毛・短い毛ともにランダムに抜いていく。体型カバーのためにあえて残したい部分をのぞいて、コートの厚みが均一になるように仕上げる。

毛の長さの目安

● エアデール・テリア（トップ・コート）
短い部分：2ミリ
長い部分：3cm
フィニシング（足のコート）で最も長い部分：5cm

● ノーリッチ／ノーフォーク・テリア（トップ・コート）
短い部分：2cm
長い部分：4cm
フィニシング（足のコート）で最も長い部分：5cm

ドッグ・ショー 3〜4日前の作業

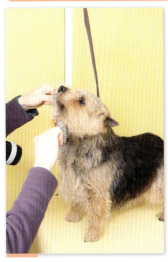

2 下顎は、ブラシのピンを肌に軽く当てて前後に往復させるように動かし、毛の根元まできちんと風を当てながら乾かします。

1 ピンブラシでとかしながら、ドライヤーの風を当てていきます。顔は上へ向けてとかし、毛を開立させます。

before

顔、四肢、ボディ下部（下胸〜腹部）だけシャンプーしたところ。

5 胸〜肩は毛流に沿ってとかし、毛を寝かせるように乾かします。

4 前肢の毛は、上へ持ち上げるようにとかしながら乾かします。

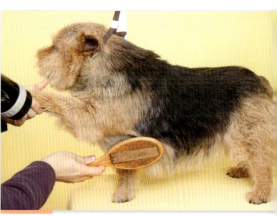

3 前肢を片方ずつ持ち上げ、脇を乾かします。脇の毛は体の内側へ巻き込むようにとかし、続けてボディの下部も乾かします。

8 内側の毛が乾いたら毛流に沿ってとかしながら風を当て、表面の毛を寝かせます。

7 後肢の毛は、まず上へ持ち上げるようにとかしながら、ふんわりと乾かします。

6 前胸の毛は、上へ持ち上げるようにとかしながら乾かします。⑤で両サイドの毛を寝かしておくことで、胸の張りを強調することができます。

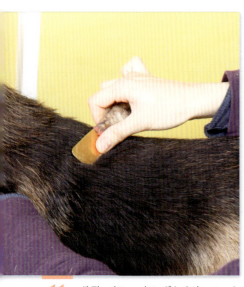

11 ボディをレーキングします。コートに対してナイフの刃を寝かせ気味に当て、余分なアンダー・コートを取りのぞきます。

10 毛を1本ずつバラバラにして、ボディの下部など長めに残している部分の毛のもつれをほぐします。

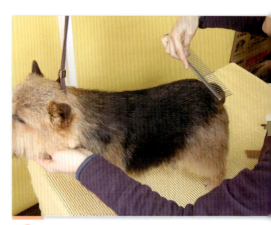

9 粗目のコームで全身をコーミングし、毛流を整えます。

Norwich Terrier

13 お尻も軽くレーキングします。

point ナイフを当てたときに毛の表面が沈むのは、力を入れすぎている証拠

12 ネックラインをレーキングします。首〜キ甲のあたりにほど良い厚みを出すためには、長めに残した毛を下から支えるアンダー・コートが必要。アンダー・コートを取りすぎないよう、ナイフは強く押し当てないようにします。

16 ⑮から続けて、首〜肩付近を抜きます。胸部を強調し、肩のラインを見せるため、少し短めに抜いておきます。

15 サイドネックからプラッキングを始めます。ナイフに当てる指の力を加減しながら、一度に数本ずつ抜いていきます。

14 全身をコーミングし、毛流を整えます。

19 サイドネックの飾り毛と、首〜肩をブレンディングし、自然になじませます。

18 首には"襟巻き"のようにふんわりと毛を残し、首が細く見えないように整えます。

17 首の前側も、少し短めに。この部分をタイトに仕上げることで、胸の張りをしっかり表現することができます。

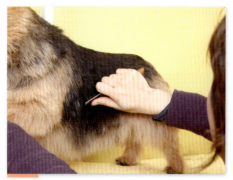

22 ㉑から続けて、肘の後ろからボディの下半分の毛を抜きます。

21 前胸と下胸をつなげ、さらにアンダーラインへ自然につながるように整えます。コートと飾り毛はきれいにブレンディングされており、ここから飾り毛が分かれるように作ってはいけません。

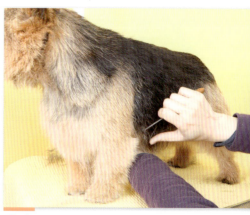

20 ⑲から続けて、サイドボディへブレンディングしていきます。トップからサイド、サイドからアンダーというように、すべてのコートが流れるように作ります。

25 抜ける毛だけを無理なく抜くには、指でつまむのも良い方法。指表面の脂で適度に毛が滑るため、しっかり生えている新しい毛は引っ張っても抜けずに残り、皮膚に負担をかけません。

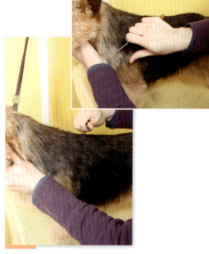

24 首からキ甲の毛を抜き、ボディの後部へつなげていきます。後ろへ向けて真っ直ぐ抜くだけでなく、毛流に合わせて、ボディのサイドへも自然に流すように抜いていきます。

23 ボディから続けて、前肢の外側の毛を抜きます。前望したとき肘が外側に張って見えないよう、少し多めに毛を取ります。

28 後肢とボディのアンダーラインを自然につなげます。肢とボディを明確に分けるようなライン付けはせず、上からかぶさるコートを生かしてラフに仕上げます。

27 後肢の毛を抜きます。大腿の筋肉の形をしっかり表現することを意識して整えます。

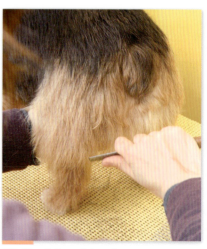

26 ボディの後部を抜いていきます。お尻は、座骨端の張りを生かして丸く整えます。側望したとき、お尻が上げたテイルより後ろに張り出すのが基本です。

Norwich Terrier

31 耳のフラット・ワークは、ボディより1〜2日前に行っておくのがおすすめ。皮膚が透けて見えるほどの薄さに、1枚だけコートを残して抜きます。

30 付け根より先は、テイルを下ろして抜きます。テイルを上げて側望し、後ろ側にはみ出して見える毛を確認。テイルを少し下ろして抜きます。

29 テイルを上げ、付け根の後ろ側の毛を短く抜きます。尾付きを高く見せるため、この部分の毛はしっかり取っておきます。

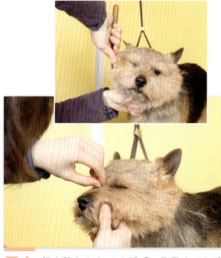

34 顔を整えます。1カ所ずつ作業すると毛を抜きすぎてしまうので、いろいろなところから少しずつ抜くのがコツ。

33 眉を抜きます。手を入れないとふわふわした毛になってしまうので、少しでも必ず抜くことが大切です。

32 頭部の毛を抜きます。全体のバランスを見ながら、短く取りすぎないように注意します。

37 前望したときに耳より内側にはみ出して見える、耳の後ろの毛を取ります。この部分の毛を取っておくと、目と目のあいだを広く、頭を大きく見せることができます。

36 ひげは指で毛をつまんで抜き、軽く形を整えます。前望したとき、顔の輪郭とマズルが、それぞれ横長の長方形になるのが理想。丸くしすぎないように注意します。

35 顔の長い毛は、さまざまな方向から生えている毛がお互いに支え合うことで開立するので、抜く方向もランダムに。

ドッグ・ショー直前のセット・アップ

3 顔の毛を少し手に取り、コームで逆毛を立てていきます。

2 手のひらに少量のオイルを取って伸ばし、コートになじませます。さらにピンブラシでブラッシングし、毛先までオイルを行き渡らせます。

1 獣毛ブラシにチョークを付け、タンの部分に入れます。色ムラをなじませるためのものなので、濃く入れすぎないように注意。

6 もう一度スプレーをかけ、ピンブラシで毛を起こすようにとかしてスタイルを整えます。

5 スプレーを軽くもみ込み、さらにコームで逆毛を立てます。

4 ひと通り逆毛を立てたら、軽くセット用のスプレーをかけます。

finish

7 四肢の毛にも軽くスプレーをかけ、ピンブラシで毛を起こすようにとかします。

長脚テリアと同じく、全身はトップ・コートの硬い毛で覆われています。アンダー・コートが見えたり、トップ・コートが固まって生えているような状態にならないよう注意してください。

講師プロフィール

● トイ・プードルのコンチネンタル・クリップ（P6～）

鈴木雅実

SJDドッググルーミングスクール（東京都渋谷区／埼玉県さいたま市）代表、JKCトリマー教士、犬種群審査員。学校で指導にあたるほか、（一社）家庭動物愛護協会理事、中央ケネル事業協同組合連合会会長など犬業界の要職に就く。各種講習会でも講師として活動中。

● トイ・プードルのイングリッシュ・サドル・クリップ（P18～）
● トイ・プードルのパピー・クリップⅡ（P30～）
● トイ・プードルのパピー・クリップ（P40～）

金子幸一

ヴィヴィッドグルーミングスクール（東京都北区）学長、JKCトリマー教士・試験委員。トイ・プードルのショーイングとブリーディングに長年携わる、プードルのスペシャリスト。そのカット技術および理論には定評があり、セミナーやコンテストに講師・審査員として招かれることも多い。

● トイ・プードルのケネル&ラム・クリップ（P48～）

田中美恵子

JKCトリマー教士・試験委員。国際ドッグビューティースクール（東京都足立区）にて長年教鞭を執り、数多くのトリマーを育てる。プードルのブリーディングやドッグ・ショー出陳でも活躍中。

● ヨークシャー・テリアのスタンダード・スタイル（P58～）

小笠原栄子

ヨークシャー・テリア専門犬舎「Joland & prosper」（東京都足立区）にて、30年以上にわたってヨーキーのブリーディングを行う。優良犬を多く作出し、ドッグ・ショーではチャンピオン犬を多数輩出している。

● シー・ズーのスタンダード・スタイル（P67～）

藤ヶ崎恵子

シー・ズー専門犬舎「ピエロキャッスル」、「ペットサロンピエロ」（千葉県香取市）オーナー。長年シー・ズーのブリーディングを手がけ、チャンピオン犬を数多く完成させている。ドッグ・ショーでは自らハンドリングも行う。

● マルチーズのスタンダード・スタイル（P76～）

高橋宏美

マルチーズ専門犬舎「Effelgent-bambi Maltese」（神奈川県横須賀市）を運営。50年以上マルチーズのブリーディングに携わり、数多くのチャンピオン犬を輩出するマルチーズの第一人者。ドッグ・ショーの全犬種審査員としても、国内外で活躍している。

● ポメラニアンのスタンダード・スタイル（P82～）

草間理恵子

「million sellers」「Ballantine」両犬舎（岐阜県羽鳥市）で長年ポメラニアンを中心としたブリーディングを行い、作出した犬は、国内外のドッグ・ショーで高く評価されている。ドッグ・ショーではドーベルマンなど大型犬のハンドリングも行う。

● ベドリントン・テリアのスタンダード・スタイル（P88～）

飯田美雪

ベドリントン／ウェルシュ・テリア専門犬舎「LAPIN AGILE and SUN RIVER KENNEL」（千葉県八街市）オーナー、JKCトリマー教士。東京愛犬専門学校で講師を務めるかたわら、ベドリントン・テリアのブリーディングとハンドリングを行う。

● ビション・フリーゼのスタンダード・スタイル（P96～）

宮脇英美子

「犬の美容室ハニー・クリップ」（神奈川県横浜市）オーナー。ビション・フリーゼの第一人者である上原幸子氏（Ivy Spot）に師事し、ビションを中心としたトリミングやドッグ・ショーへの出陳など、精力的に活動中。

● アメリカン・コッカー・スパニエルのスタンダード・スタイル（P105～）

松崎雅人

A・コッカー専門犬舎「リボルバー」（東京都世田谷区）でブリーディングやトリミング、ドッグ・トレーニングなどを行う。同犬舎で作出した犬を自らハンドリングしてドッグ・ショーにも出陳。原産国アメリカのナショナルショーでは、日本人ハンドラーとして初めてのBOVを獲得。

● イングリッシュ・スプリンガー・スパニエルのスタンダード・スタイル（P114～）

露木 浩

JKCトリマー教士、JKCハンドラー教士、全犬種審査員。「Clumber Up Kennel」（静岡県浜松市）にて、テリアをメインとしたブリーディングを行う。あらゆる犬種のトリミングやショーイングに携わるオールブリード・ハンドラーでもあり、世界各国のドッグ・ショーにて活躍している。

● ミニチュア・シュナウザーのスタンダード・スタイル（P122～）

小林敏夫

JKCトリマー教士・試験委員、JKCハンドラー教士・試験委員、「小林塾」（群馬県藤岡市）主宰。M・シュナウザーを専門とし、トリミングはもちろんドッグ・ショーでのハンドリングも経験豊富。小林塾にて多くのトリマーを育成している。

花形民子

JKCトリマー教士、小林塾講師。2006JKCトリミング競技大会ブロックの部にて理事長賞受賞。M・シュナウザーとケリー・ブルー・テリアを得意とし、技術力に定評がある。

● エアデール・テリアのスタンダード・スタイル（P138～）
● ノーリッチ・テリアのスタンダード・スタイル（P152～）

黒須千里

テリア専門犬舎「C.K.Terra Kennel」（岩手県滝沢市）オーナー。アメリカのプロ・ハンドラーであるBrigit Coady Kabel女史とGabriel Rangel氏の元でテリアを7年間学び、ドッグ・ショーの世界に入る。帰国後はブリーダー・ハンドラーとして国内外のドッグ・ショーで活躍中。

主要犬種のスタンダード・スタイル

2019年6月1日　第1刷発行Ⓒ

編　者	ハッピー＊トリマー編集部
発行者	森田 猛
発行所	株式会社緑書房
	〒103-0004
	東京都中央区東日本橋3丁目4番14号
	TEL 03-6833-0560
	http://www.pet-honpo.com/
印刷所	図書印刷

ISBN978-4-89531-375-9
Printed in Japan
落丁・乱丁本は弊社送料負担にてお取り替えいたします。

本書の複写にかかる複製、上映、譲渡、公衆送信（送信可能化を含む）の各権利は株式会社緑書房が管理の委託を受けています。

JCOPY〈（一社）出版者著作権管理機構　委託出版物〉
本書を無断で複写複製（電子化を含む）することは、著作権法上での例外を除き、禁じられています。本書を複写される場合は、そのつど事前に、（一社）版者著作権管理機構（電話 03-5244-5088、FAX03-5244-5089、e-mail:info@jcopy.or.jp）の許諾を得てください。また本書を代行業者等の第三者に依頼してスキャンやデジタル化することは、たとえ個人や家庭内での利用であっても一切認められておりません。

編集／川田央恵、山田莉星
写真／小野智光、蜂巣文香
取材・文／野口久美子、ハッピー＊トリマー編集部
イラスト／朝倉仁志、福山貴昭、花形民子
カバーデザイン／野村道子（bee's knees-design）
本文DTP／明昌堂